Atomare Stoßprozesse

Eine Einführung in die physikalischen
Grundlagen und grundlegenden Ergebnisse

Von Dr. phil. Hugo Neuert
em. o. Professor an der Universität Hamburg

Mit 136 Figuren

B. G. Teubner Stuttgart 1984

Prof. Dr. phil. Hugo Neuert

Geb. 1912 in Mannheim. Studium in Stuttgart, München und Leipzig, Promotion 1935 in Leipzig. Assistent an der Universität Köln, Habilitation 1939 in Köln. Privatdozent an den Universitäten Köln, Straßburg, Freiburg und Hamburg. 1955 a. o. Professor und von 1958 bis 1980 o. Professor an der Universität Hamburg.

CIP-Kurztitelaufnahme der Deutschen Bibliothek

Neuert, Hugo:
Atomare Stoßprozesse : e. Einf. in d. physikal.
Grundlagen u. grundlegenden Ergebnisse / von Hugo
Neuert. — Stuttgart : Teubner, 1984.
 (Teubner-Studienbücher : Physik)
 ISBN 3-519-03060-8

Das Werk ist urheberrechtlich geschützt. Die dadurch begründeten Rechte, besonders die der Übersetzung, des Nachdrucks, der Bildentnahme, der Funksendung, der Wiedergabe auf photomechanischem oder ähnlichem Wege, der Speicherung und Auswertung in Datenverarbeitungsanlagen, bleiben, auch bei Verwertung von Teilen des Werkes, dem Verlag vorbehalten.
Bei gewerblichen Zwecken dienender Vervielfältigung ist an den Verlag gemäß § 54 UrhG eine Vergütung zu zahlen, deren Höhe mit dem Verlag zu vereinbaren ist.

© B. G. Teubner, Stuttgart 1984

Printed in Germany
Gesamtherstellung: Beltz Offsetdruck, Hemsbach/Bergstraße
Umschlaggestaltung: W. Koch, Sindelfingen

Vorwort

In den letzten Jahrzehnten haben sich die Erkenntnisse über die Atome und Moleküle auf Grund von Untersuchungen von Stoßprozessen von Elektronen, Photonen und schwereren Teilchen auf Atome und Moleküle sehr erweitert. Zu diesem Bereich der atomphysikalischen Forschung gibt es zwar inzwischen eine sehr große Anzahl von gründlichen zusammenfassenden Darstellungen, jeweils über Teilgebiete, die einem weiterführenden Studium zugrunde gelegt werden können. Um das Gebiet in seiner Breite zunächst einmal kennen zu lernen, ist aber nach der Meinung des Verfassers zur Einführung eines Darstellung von Nutzen, die den Leser mit den elementaren Vorgängen und jeweils einigen exemplarischen Ergebnissen bekannt macht. Das vorliegende Buch ist ein Versuch einer solchen Einführung, in der die Vielfalt der möglichen und der untersuchten Prozesse aufgezeigt werden soll, ohne allerdings einen Anspruch auf die Erfassung und genauere Beschreibung aller Einzelheiten zu erheben. Es werden dazu nur die Grundkenntnisse der Atomphysik und der elementaren Quantentheorie vorausgesetzt. Da sich das Buch weniger an die mit den Teilgebieten bereits vertrauten Fachleute als vielmehr an Leser richtet, die die Probleme der Atomaren Stoßprozesse und einige grundlegende Ergebnisse kennen lernen wollen, um daraus Anregungen für weitere Studien zu gewinnen, wurde einer etwas mehr phänomenologischen Darstellung der Vorzug gegeben. Es war somit auch nicht die Absicht, die zu den verschiedenen Problemen mehr oder weniger ausgearbeiteten Theorien näher auszubreiten. Doch soll im Text die Möglichkeit des Vergleichs der theoretischen Aussagen mit den experimentellen Resultaten genutzt werden.

Die Einführung beschränkt sich im wesentlichen auf die Stoßprozesse im eV-keV-Bereich, um die elementaren Vorgänge stärker herausstellen zu können. Hierzu sollen insbesondere die Forschungsergebnisse der 60er- und frühen 70er Jahre betrachtet werden. Die in den letzten Jahren intensiv untersuchten Stöße im MeV-bis 100 MeV-Bereich führten zu einer solchen Fülle weiterer Ergebnisse, daß diese zunächst nur den diesbezüglichen neueren zusammenfassenden Darstellungen entnommen werden können. Zu den behandelten Themen wird jeweils aus spezielle Literatur hingewiesen, um dem Leser den Zugang zu vertieften Studien zu erleichtern. Allerdings kann es sich angesichts des großen Umfangs der einschlägigen Literatur nur um eine sehr subjektiv getroffene Auswahl handeln.

Verständlicherweise mußte eine Auswahl aus der Vielzahl der Gebiete getroffen werden. Die notwendige Beschränkung liegt darin, daß im allgemeinen nur Stöße von Elektronen, neutralen Atomen und Atomionen zur Sprache kommen. Nur gelegentlich werden zur Vervollständigung Vorgänge erwähnt, die aus den Stößen mit einfachen Molekülen entstehen. Auch das weite Gebiete der Reaktionen von positiven und negativen Ionen bei Stößen mit Molekülen (IMR) konnte nur kurz erwähnt werden, um den Umfang des Textes zu begrenzen.

Der Formulierung elementarer Zusammenhänge liegt im allgemeinen das SI-System zugrunde. Doch wird mitunter auf die Verwendung z.B. der Einheiten Torr oder Å aus Gründen der leichteren Übersicht und Vergleichbarkeit mit Angaben in der Literatur nicht verzichtet, insbesondere auch um die Wiedergabe zahlreicher Figuren in der Originalform, die häufig in diesen Einheiten angegeben werden, zu ermöglichen.

Hamburg, im Herbst 1983 H. Neuert

Inhaltsverzeichnis

1. **Über einige für die Behandlung von Stoß- und Streuvorgängen grundlegende Begriffe und Zusammenhänge**   9

2. **Stoßprozesse mit Elektronen**   15

31-8-87 für E-Experiment

  2.1. Elastische Streuung von Elektronen in Gasen   16
    2.1.1. Schwächung eines Elektronenstrahls durch Streuung   16
    2.1.2. Ramsauer-Effekt   18
    2.1.3. Theoretische Betrachtungen zur Elektronenstreuung   22
    2.1.4. Elastische Elektronenstreuung bei etwas höheren Energien   26
    2.1.5. Mittlerer Energieverlust pro Stoß   27
    2.1.6. Ratenkonstante   28
    2.1.7. Driftgeschwindigkeit von Elektronen in Gasen bei einem überlagerten elektrischen Feld   29
    2.1.8. Resonanzen bei der elastischen Elektronenstreuung   31

  2.2. Unelastische Streuung; Anregung atomarer Zustände   36
    2.2.1. Anregung von Atomen; Energieabhängigkeit   36
      2.2.1.1. Koinzidenzexperimente   41
    2.2.2. Bestimmung der Lebensdauer angeregter Zustände   42
      2.2.2.1. Phasenverschiebungsmethode   43
      2.2.2.2. Atomare Lebensdauermessungen mit gepulsten Elektronen   44
      2.2.2.3. Lebensdauerbestimmung aus dem Hanle-Effekt   44
      2.2.2.4. Koinzidenzmessungen an Kaskaden   46
      2.2.2.5. Beam-Foil-Methode   47

  2.3. Ionisation durch Elektronenstoß   51
    2.3.1. Wirkungsquerschnitt und Energieabhängigkeit   51
      2.3.1.1. Schwellenverhalten   55
    2.3.2. Differentieller Wirkungsquerschnitt für Ionisation durch Elektronenstoß   56
      2.3.2.1. Zur Kinematik des Ionisationsprozesses   56
      2.3.2.2. Koinzidenztechnik und -messungen   57
      2.3.2.3. Meßergebnisse   59
    2.3.3. Stöße schneller Elektronen auf atomare Gase   62
      2.3.3.1. Anregung von Röntgen-K-Strahlung   62

2.3.3.2. Fluoreszenzausbeute	66
2.3.4. Ionisation und Energieverlust von Elektronen höherer Energie beim Durchgang durch Gase	68
2.3.5. Autoionisation	69
2.4. Photoionisation in Gasen	72
2.5. Polarisierte Elektronen	77
2.5.1. Polarisationsgrad; transversale und longitudinale Polarisation von Elektronen	77
2.5.2. Erzeugung polarisierter Elektronenstrahlen	79
2.5.2.1. Streuung von Elektronen an Atomen	79
2.5.2.2. Mott-Streuung	83
2.5.2.3. Møller-Streuung	84
2.5.3. Polarisation durch Photoionisation (Fano-Effekt)	86
2.5.4. Polarisation von Elektronen durch Spinaustausch-Stoßprozesse mit polarisierten Atomen	88
3. Stöße zwischen Gasatomen und -ionen	89
3.1. Experimentelle Aspekte	90
3.1.1. Labor- und Schwerpunktssystem	90
3.1.2. Atomstrahlen	92
3.2. Elastische Streuung	94
3.2.1. Klassische Betrachtungen	94
3.2.2. Quantenmechanische Betrachtungen zum Wirkungsquerschnitt und zur Winkelverteilung bei elastischen Stößen	96
3.2.3. Resultate experimenteller Untersuchungen	98
3.2.3.1. Energien im keV-Bereich	98
3.2.3.2. Niedrige Energien	100
3.2.3.3. Messungen bei niedrigen Streuwinkeln; Bestätigung des $1/r^6$-Potentials	101
3.2.3.4. Winkelverteilung und Regenbogenstreuung	104
3.2.3.5. Glorieneffekt	106
3.2.3.6. Regenbogeneffekt bei Streuung von Ionen	107
3.2.3.7. Differentielle Wirkungsquerschnitte bei Ionen-Atom-Stößen im 0,1-1 keV-Bereich	108

3.3. Stöße im keV- bis 1 MeV-Bereich ... 109
  3.3.1. Totaler Wirkungsquerschnitt bei Stößen von H-Atomen und Protonen mit Gasatomen ... 110
  3.3.2. Entstehung angeregter Zustände und von Ionisation bei Stößen von Ionen mit Atomen ... 114
  3.3.3. Das Fano-Lichten-Modell ... 120
  3.3.4. Anregung von Röntgenstrahlen und Ionisation innerer Schalen bei Stößen von Ionen ... 122
    3.3.4.1. Anregung durch Protonen ... 122
    3.3.4.2. Stöße mit schwereren Ionen mit Anregung und Ionisation innerer Schalen ... 125
  3.3.5. Stöße mit Mehrfach-Ionisation ... 130
  3.3.6. Stöße von Ionen mit Gasatomen mit Ladungsaustausch ... 131
    3.3.6.1. Symmetrische resonante Ladungsaustauschprozesse ... 132
    3.3.6.2. Nicht resonanter Ladungsaustausch ... 137
  3.3.7. Ionen-Molekül-Reaktionen (IMR) ... 141

3.4. Rekombination ... 144
  3.4.1. Rekombination zwischen Elektronen und Ionen ... 145
    3.4.1.1. Strahlungsrekombination ... 145
    3.4.1.2. Zwei-Elektronen-Stoß-Rekombination ... 147
    3.4.1.3. Dreierstoß-Rekombination ... 147
    3.4.1.4. Dissoziative Rekombination ... 148
  3.4.2. Rekombination zwischen Ionen ... 149
    3.4.2.1. Zwei-Teilchen-Prozesse ... 149
    3.4.2.2. Dreierstoß-Rekombination ... 151

4. Negative Ionen ... 153

4.1. Überblick ... 153

4.2. Entstehung negativer Ionen durch Stoßprozesse ... 154
  4.2.1. Mögliche Prozesse bei Elektronenstoß ... 154
  4.2.2. Negative Ionen bei Atom- und Ionenstoß ... 155
  4.2.3. Dissoziative Elektronenanlagerung ... 156
    4.2.3.1. Theoretische Betrachtungen ... 156
    4.2.3.2. Einige Beispiele für dissoziative Elektronenanlagerung ... 162
    4.2.3.3. Dissoziative Elektronenanlagerung thermischer Elektronen ... 166

4.2.4. Negative Molekülionen aus Elektronenanlagerung   168
    4.2.4.1 Die Scavenger-Methode   170
4.2.5. Ionenpaarbildung   172
4.2.6. Zweifach geladene negative Ionen   173

4.3. Bestimmung der Elektronenaffinitäten (EA)   174
    4.3.1. Berechnung von Elektronenaffinitäten   174
    4.3.2. Spektroskopische Bestimmung   174
    4.3.3. Elektronenablösung durch Photonen (Photodetachment)   176
        4.3.3.1. Methode und exemplarische Ergebnisse   176
        4.3.3.2. Schwellenverhalten des Wirkungsquerschnitts   178
        4.3.3.3. Untersuchungen an Molekülionen   181
    4.3.4. Elektronenstoß-Detachment   182
    4.3.5. Vorgänge an heißen Drähten (Metalloberflächen)   182

4.4. Metastabiles He^- 183

4.5. Angeregte Zustände negativer Atomionen   184

4.6. Stöße von negativen Ionen   186
    4.6.1. Stöße mit Atomen und Elektronen-Ablösung   186
    4.6.2. Stöße langsamer negativer Ionen mit Ladungsübertragung   189
    4.6.3. Ionen-Molekül-Reaktionen (IMR) mit negativen Ionen   192

1. Über einige für die Behandlung von Stoß- und von Streuvorgängen grundlegende Begriffe und Zusammenhänge

Schon frühzeitig hatte man erkannt, daß die Eigenschaften und das Verhalten der Gase auf die Stöße der Gasteilchen untereinander zurückzuführen ist. Es sei hier auf die zahlreichen Vorgänge, wie z.B. Druck, Diffusion hingewiesen, die in einer eindrucksvollen Weise durch die kinetische Gastheorie gedeutet werden konnten. Die Wahrscheinlichkeit für Stöße wird beschrieben durch den Stoßwirkungsquerschnitt σ, der in Zusammenhang steht mit dem Begriff der mittleren freien Weglänge λ. Zur Definition des Stoßwirkungsquerschnitts dient die folgende Betrachtung: Wenn ein Teilchen mit der Geschwindigkeit v sich längs einer Strecke dx durch ein Gas mit der Gasdichte n Teilchen pro Volumeneinheit bewegt, ist die Wahrscheinlichkeit, daß es auf dieser Strecke einen Zusammenstoß erleidet:

$$P = n \cdot \sigma \cdot dx \quad .$$

Der Fluß von N Teilchen pro Flächeneinheit und Sekunde wird auf dieser Strecke daher jeweils reduziert um

$$-dN = n \cdot N \cdot \sigma \cdot dx \quad .$$

Nach einer Strecke x hat die Flußdichte abgenommen auf

$$N = N_0 \exp(-n \cdot \sigma \cdot x) \quad (N_0 \text{ für } x = 0) \quad . \tag{1}$$

Die so eingeführte Größe σ ist der Stoßwirkungsquerschnitt, er hat die Dimension einer Fläche. Es sei daran erinnert, daß die Maxwellsche Theorie der Gase die mittlere freie Weglänge λ für Stöße zwischen Gasteilchen, die als elastische Kugeln vom Radius r angesehen werden und eine mittlere relative Geschwindigkeit aufweisen, beschreibt durch den Zusammenhang

$$\lambda = \frac{1}{4 \cdot \sqrt{2} \cdot \pi \cdot n \cdot r^2} = \frac{1}{4 \cdot \sqrt{2} \cdot \sigma \cdot n} \tag{2}$$

σ ist dort die wirksame Fläche $\pi \cdot r^2$.

Betrachtet man zunächst speziell die elastischen Stöße zwischen Teilchen, so haben die Teilchen nach dem Stoß ihre Bewegungsrich-

* Laborsystem = Schwerpunktsystem

tung geändert. In dem Fall der elastischen Stöße punktförmiger, praktisch masseloser Teilchen gegen ausgedehnte Teilchen mit dem Radius r treten je nach dem Abstand der Flugbahn der anfliegenden Teilchen von einer Parallelen durch die Mitte des angeflogenen Teilchens, dem Stoßparameter b, unterschiedliche Ablenkwinkel (auch Streuwinkel genannt) auf. Es lag daher nahe, auch die Winkelabhängigkeit der Streuprozesse näher zu untersuchen. Hierzu sollen aber zunächst einige grundlegende Betrachtungen über die im weiteren Text verwendeten Größen und ihre Definitionen vorangestellt werden.

Man betrachtet dazu einen Strahl monoenergetischer punktförmiger Teilchen, der auf ein Streuzentrum O der Fig. 1.1 gerichtet ist. Die Wechselwirkung zwischen den anfliegenden Teilchen und dem Streuzentrum wird

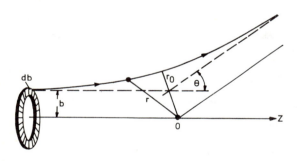

Fig. 1.1. Ablenkung bei Streuung in einem Zentralfeld.

durch ein bekanntes oder zu ermittelndes Streupotentials $U(r)$ bestimmt. Die Flußdichte der Teilchen j_o ist definiert als Zahl der Teilchen, die pro Zeiteinheit durch eine Einheitsfläche senkrecht zur Strahlrichtung hindurchfliegen. Die Bahnen der gestreuten Teilchen hängen im einzelnen von der Anfangsenergie und dem Stoßparameter ab. Alle Teilchen mit gleicher Energie und einem Stoßparameter zwischen b und b+db werden bei Kugelsymmetrie von $U(r)$ in Streuwinkel zwischen θ und $\theta+d\theta$ gestreut werden. Unter

Streupotential

bei e^- auf Atome: Coulombpotential

Verwendung von Kugelkoordinaten gemäß Fig. 1.2 wird der "differentielle Wirkungsquerschnitt" $\frac{d\sigma}{d\Omega}$

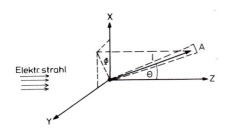

Fig. 1.2 Darstellung der Streuung in Kugelkoordinaten. A ist die Detektorfläche senkrecht zu 1.

$\frac{d\sigma}{d\Omega}$ für die Streuung definiert aus dem Verhältnis zwischen der Zahl der pro Zeiteinheit in den Raumwinkel $d\Omega$ gestreuten Teilchen $j_o \cdot d\sigma$ und der ursprünglichen Flußdichte der Teilchen j_o. Da

$$d\Omega = \sin\theta \cdot d\theta \cdot d\phi \quad \text{ist,} \qquad (3)$$

wird für eine von ϕ unabhängige Streuung

$$d\sigma(\theta) = \int_0^{2\pi} \frac{d\sigma}{d\Omega} \sin\theta d\theta d\phi = 2\pi \frac{d\sigma}{d\Omega} \sin\theta d\theta \qquad . \qquad (4)$$

Der <u>totale</u> elastische Streuwirkungsquerschnitt σ_{el} ergibt sich aus dem Integral

$$\sigma_{el} = 2\pi \int_0^\pi \frac{d\sigma}{d\Omega} \cdot \sin\theta d\theta \qquad (5)$$

Die Meßgröße ist demnach $j_o \cdot d\sigma(\theta) = j_o \frac{d\sigma}{d\Omega} d\Omega$, wobei im Experiment im allgemeinen $d\Omega \approx \frac{A_D}{l^2}$ (l ist die Entfernung des Detektors der Öffnungsfläche A_D vom Streuzentrum) sein wird.

Die Zahl der in den Raumwinkel $d\Omega$ zwischen θ und $\theta+d\theta$ gestreuten Teilchen ist demnach $j_o \cdot 2\pi \sin\theta d\theta \frac{d\sigma}{d\Omega}$. Sie entstammen den ursprünglich durch den Kreisring mit Stoßparametern zwischen b und b+db eingeflogenen Teilchen vom Betrag $j_o 2\pi b \cdot db$. Also ist

$$j_o \cdot 2\pi \frac{d\sigma}{d\Omega} \sin\theta d\theta = j_o \cdot 2\pi b \cdot db \qquad . \qquad (6)$$

Daraus folgt die Beziehung

$$\frac{d\sigma}{d\Omega} = \frac{b}{|\sin\Theta|} \cdot \left|\frac{db}{d\Theta}\right| \quad . \tag{7}$$

Die absoluten Beträge berücksichtigen dabei, daß $\frac{db}{d\Theta}$, bzw. $\frac{d\Theta}{db}$ auch negative Werte annehmen kann.

Der <u>totale Wirkungsquerschnitt</u> ergibt sich auch aus dem Integral über den Stoßparameter

$$\sigma_{el} = 2\pi \int_{o}^{b_o} b \, db \quad , \tag{8}$$

dabei ist b_o der größte Stoßparameter, der noch zu einer Streuung führt (d.h. $\Theta \to 0$).

Beachtet man, daß die gesamte pro Zeiteinheit durch den Stoßparameterring der Breite db laufende Teilchenzahl $j_o 2\pi b \cdot db$ in den Streuwinkelbereich der Breite $d\Theta$ gestreut wird, so erhält man die in zahlreichen Publikationen verwendete <u>Winkelverteilungsfunktion</u> $J(\Theta)$ aus

$$j_o \cdot 2\pi b \cdot db = j_o \cdot J(\Theta) d\Theta \quad .$$

Es ist demnach

$$J(\Theta) = 2\pi b \cdot \frac{db}{d\Theta} \quad . \tag{9}$$

$J(\Theta)$ wird auch als Streuintensität pro Einheitswinkel bezeichnet |x Mas 69|,|oMas 71|. Die damit zusammenhängende Streuintensität pro Einheitsraumwinkel $I(\Theta)$ ist dann wegen

$$J(\Theta) \, d\Theta = 2\pi \, I(\Theta) \cdot \sin\Theta d\Theta \tag{10}$$

$$I(\Theta) = \frac{J(\Theta)}{2\pi \sin\Theta} \quad . \tag{11}$$

Man sieht, daß die Funktion $I(\Theta)$ mit dem oben eingeführten differentiellen Streuwirkungsquerschnitt $\frac{d\sigma}{d\Omega}$ (z.B. angegeben in $\frac{\text{Å}^2}{\text{sterad}}$) übereinstimmt.

In dem Falle, daß das Streupotential endlich begrenzt ist, daß also $U(R)$ für $r > r_o$ verschwindet, ist die obere Grenze der wirksamen Stoßparameter $b_o = r_o$. Der Streuquerschnitt für die klassische elastische Streuung ist dann

$$\sigma_{el} = \pi b_o^2 \quad . \quad (aus\ 8) \tag{12}$$

Der eingangs erwähnte Befund eines endlichen Streuquerschnitts wird damit verständlich.

Die Frage, welcher Streuwinkel sich bei einem Streupotential $U(r)$ bei der elastischen Streuung ergibt, ist schon in den 30er Jahren behandelt worden (s.z.B. |x Ke 38|). $U(r)$ sei z.B. so beschaffen, daß im Falle der in Fig. 1.1 schematisch dargestellten Bewegung des einen Teilchens relativ zum anderen eine Abstoßung vom Streuzentrum erfolgt mit dem Ablenkungswinkel Θ.

Legt man nach der klassischen Mechanik für die Bewegung des Teilchens mit der Masse m um das Streuzentrum die Sätze der Erhaltung von Drehimpuls und Energie (Θ_1 sei die momentane Winkelposition des Teilchens)

$$m \cdot r^2 \dot{\Theta}_1 = m \cdot v \cdot b \tag{13}$$

$$\text{und } \frac{1}{2}m\ (\dot{r}^2 + r^2 \dot{\Theta}_1^2) + U(r) = \frac{1}{2}mv^2 \tag{14}$$

zugrunde, kann man die zeitliche Änderung von r beim Vorbeiflug in Zusammenhang mit $U(r)$ bringen gemäß

$$\frac{dr}{dt} = (v^2 - \frac{2U}{m} - \frac{v^2 b^2}{r^2})^{1/2} \tag{15}$$

Da der kleinste Abstand r_o (s. Fig. 1.1) dort auftritt, wo $\frac{dr}{dt} = 0$ wird, findet man

$$(1 - \frac{U(r_o)}{m})\ r_o^2 = b^2 \quad . \tag{16}$$

Für den Zusammenhang zwischen dem Stoßparameter b und dem Streuwinkel $\Theta(b,E)$ ergibt sich, da sich während des gesamten Stoßvorgangs, z.B. für den Fall der Abstoßung, θ_1 wegen

$$2 \int_{r_o}^{\infty} \frac{d\Theta_1}{dr}\ dr = \pi - \Theta$$

um den Winkel $\pi-\Theta$ ändert:

$$\Theta(b,E) = \pi - 2b \int_{r_0}^{\infty} |1 - \frac{b^2}{r^2} - \frac{U(r)}{E}|^{-1/2} r^{-2} \, dr \qquad . \qquad (17)$$

Man muß allerdings noch prüfen, ob allgemein der Ablenkungswinkel mit dem Streuwinkel absolut übereinstimmt, da das Teilchen, z.B. im Falle einer Anziehung erst noch einige Umdrehungen ausführen kann, bevor es sich wieder entfernt.

Wenn $U(r)$ bekannt ist, kann man im Prinzip hieraus $b(\Theta)$ ermitteln und damit $I(\Theta)$ vorhersagen. Umgekehrt kann man versuchen, aus der gemessenen Streuintensität $I(\Theta)$ verschiedene mögliche Ansätze für $U(r)$ zu prüfen.

2. Stoßprozesse mit Elektronen

Wenn ein Elektron mit einem Atom zusammenstößt, kann man letzteres praktisch als ruhend betrachten, da sich die Elektronen im allgemeinen viel schneller als die Atome bewegen. Das Elektron gibt beim Stoß nur einen kleinen Betrag seiner kinetischen Energie ab und ändert selbst seine Bewegungsrichtung mehr oder weniger stark (elastische Elektronenstreuung). Die Stöße sind so lange als elastisch zu betrachten, als die übertragene kinetische Energie des Elektrons nicht ausreicht, um das Atom in einen (zunächst den niedrigsten) Anregungszustand zu versetzen; bei höheren kinetischen Energien kann es dann zu vielfältiger Anregung und auch zur Ionisation kommen (unelastische Stoßprozesse).

In den älteren Untersuchungen über die Stöße von Elektronen mit Gastomen sind schon frühzeitig die grundlegenden Erkenntnisse über angeregte Zustände und Ionisation von Atomen und Molekülen aufgezeigt und interpretiert worden. Daneben führten sie auch zu einem verbesserten Verständnis der komplexen Vorgänge in Gasentladungen.

Die neueren Untersuchungen nutzten dann u.a. die Fortschritte in der Erzeugung monochromatischer Elektronen, sowie die Verfeinerung der Messung der Energie der gestreuten Elektronen mittels der Energieanalysatoren von hoher Auflösung (bis zu einigen meV) aus. Fig. 2.1 zeigt schematisch eine Anordnung für Apparaturen, die schon den älteren, aber insbesondere den neueren Messungen von Elektronenstreuprozessen, sowie der Messung der bei Ionisierungsprozessen auftretenden Elektronen zugrundeliegt. Besonders sei dabei auf die Elektronenmonochromatoren sowohl für die Elektronen vor dem Stoß als auch nach dem Stoßereignis hingewiesen. Weiterhin erhalten einige moderne Apparaturen noch Koinzidenzschaltungen z.B. für die Messung der bei der Ionisation entstehenden Elektronen.

1 Elektronenmonochromator
2 Stoßraum
3 Gaszufuhr
4 Transmissionsmessung
5 und 6 Elektronen aus Streu- und Ionisierungsprozessen
7 Elektronenmonochromator (schwenkbar)

8 mögliche Koinzidenzen
9 Photonenmessung
10 Messung positiver oder negativer Ionen

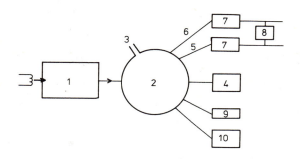

Fig. 2.1 Schematische Anordnung zur Messung gestreuter Elektronen oder von Elektronen aus Ionisierungsprozessen.

Mit solchen Apparaturen konnten viele Feinheiten in den atomaren Strukturen, sowie von Wechselwirkungen, die ganz spezifisch nur in einem engen Energiebereich zum Ausdruck kommen (wie z.B. Resonanzen bei der Streuung oder autoionisierende Zustände von Atomen) erfaßt werden. Das auf diese Weise entstandene Bild von den Atomen, ihrem Verhalten und ihren Strukturen ist außerordentlich eindrucksvoll, besonders da es in vielen Aspekten auch schon mit klassischen Methoden beschrieben und verstanden werden kann.

Die hier zu besprechenden Prozesse sollen sich auf relativ niedrige Energien beschränken, wodurch relativistische Effekte, sowie die Wechselwirkung mit den Atomkernen außer Acht bleiben können.

2.1. Elastische Streuung von Elektronen in Gasen

2.1.1. Schwächung eines Elektronenstrahls durch Streuung

Die Untersuchungen über den Durchgang von Elektronen durch Gase haben eine lange Tradition. Hier muß vor allem auf die grundlegenden Arbeiten von Lenard |Le 03| hingewiesen werden, der die "Absorption" von Elektronen beim Durchgang durch verschiedene Gase in einem feldfreien Raum studierte. Er stellte seinerzeit

fest, daß der an einem Auffänger gemessene Strom von Elektronen
in der Richtung der eingeschossenen Elektronen nach dem Durchlaufen einer Strecke d abgenommen hatte gemäß

$$i(d) = i_o \exp(-\alpha \cdot d)$$

wenn i_o die Elektronenstromstärke beim Eintritt in den Gasraum
bedeutet. Er bezeichnete α als Absorptionskoeffizient. Heute
weiß man, daß man es mit einer Schwächung der Stromstärke des
Elektronenstrahls auf Grund hauptsächlich elastischer Streupro-
zesse zu tun hatte. Dies ging dann aus den späteren genaueren
Versuchen über die Messung der elastischen Streuprozesse in
Gasen hervor. Das Prinzip der älteren Meßanordnungen zeigt die
Fig. 2.2. Die Elektronen laufen

Fig. 2.2 Meßanordnung zur
Bestimmung der Schwächung
eines Elektronenstrahls
bei Durchgang durch eine
Gasstrecke der Länge l.

zunächst frei längs der Wegstrecke z, worauf sie eine elastische
Streuung erfahren, bei der sie um einen Winkel Θ aus ihrer Flugbahn abgelenkt werden. Die Messung der Stromstärke erfolgt mittels
eines Auffängers mit einer Öffnung vom Radius r_A. Man erkennt aus
der Figur, daß offensichtlich solche Elektronen noch erfaßt wer-
den, deren Streuwinkel kleiner ist als $\Theta_m(r_A)$, wobei $\text{tg}\Theta_m = \frac{r_A}{1-z}$
ist. Da Θ_m demnach eine Funktion von r_a und von z ist, ist man
gezwungen, die geometrische Auslegung der Apparatur in die Auswertung der Messung einzubeziehen.

Dabei spielt die Funktion $\text{tg}\Theta_m = \frac{r_A}{d}$ eine entscheidende Rolle. Je
kleiner $\frac{r_A}{d}$ ist, umso besser wird die Schwächung *in* der Strahlrichtung beschrieben, sodaß das Verhältnis $\frac{d}{r_A}$ als Maß für die
Genauigkeit (Auflösungsvermögen) der Messung verwendet werden
kann. Hierzu sei auf die Ausführungen von Wiesemann in |x Wie 76|
verwiesen.

Zu einer ersten Erklärung der Resultate zog man das Modell der Stöße zwischen elastischen Kugeln heran, mit den Radien r_{el} für das Elektron und r_g für das Gasatom. Dieses Bild, bei dem die Elektronen auf Scheiben vom Querschnitt πr_g^2 treffen, liefert für den Wirkungsquerschnitt des Einzelprozesses anschaulich den Zusammenhang

$$\sigma = \pi (r_{el} + r_g)^2 \approx \pi \cdot r_g^2 \quad . \tag{18}$$

Geht man von einer Gasdichte n_g aus, dann nimmt der Strom der Elektronen längs der Strecke dz ab um $di = -i \cdot \sigma \cdot n_g dz$. Daraus wieder:

$$i(z) = i_o \exp(-\sigma n_g z) \quad . \tag{19}$$

Aus der Messung des exponentiellen Abfalls der Stomstärke ergibt sich damit ein fester endlicher Wert für den Wirkungsquerschnitt. Dieser liefert demnach eine Aussage über die Ausdehnung der Atome. Daß dieses klassische Modell aber zu einfach ist, war z.B. daraus zu entnehmen, daß sich der Wirkungsquerschnitt als energieabhängig erwies. Er nimmt im allgemeinen mit steigender Elektronenenergie ab.

2.1.2. Ramsauer-Effekt

Die ersten Messungen über die Energieabhängigkeit im Bereich niedriger Energien stammen von Raumsauer |Ra 21|. Er benutzte eine Streuapparatur, mit der der totale Wirkungsquerschnitt erfaßt wurde, d.h. es wurden auch die Elektronen, die bei einem Stoß ihre Richtung oder ihre Geschwindigkeit stark änderten, ererfaßt. Dadurch wurden allerdings gegebenenfalls auch die Stoßvorgänge, die zu einer unelastischen Streuung oder zur Ionisation der Gasatome führten, einbezogen.

Die von Ramsauer und seinen Mitarbeitern verwendeten Apparaturen sind in mehreren Lehrbüchern bereits ausführlich beschrieben worden (s. z.B |x Mas 69|; |Wie 76|).

Die Untersuchungen insbesondere an den schwereren Edelgasen führten zu überraschenden Ergebnissen. Im Bereich geringer Elektronenenergien, also noch unterhalb der Schwelle für die niedrigsten

angeregten Zustände, traten ausgeprägte Maxima auf, während sich
zu den höheren Energien hin der erwartete Abfall des Wirkungsquerschnitts zeigte. Man nennt dies den Ramsauer-Effekt.

Aus den zahlreichen, auch neueren Messungen zeigt die Fig. 2.3
den Effekt an Ar und Kr, und Fig. 2.4 den

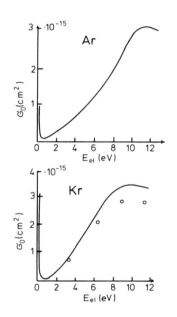

Fig. 2.3 Ramsauer-Effekt
bei der Streuung niederenergetischer Elektronen
in Ar und Kr, nach |Ya 80|;
oooooo nach |Ra 32|.

Kurvenverlauf zu größeren Geschwindigkeiten hin. In Fig. 2.3 sind
Meßpunkte von Ramsauer mit eingetragen. Offenbar weichen die älteren Meßergebnisse nicht allzusehr von den neueren ab.

Bei den leichtesten Elementen, bei denen der Effekt weniger stark
hervortritt, sind neuerdings genauere Untersuchungen mit einer
etwas geänderten Ramsauer-Apparatur durchgeführt worden. Gerade
bei den niedrigsten Energien bestehen noch Unterschiede in den
Ergebnissen verschiedener Autoren um mehr als 20%. Fig. 2.5 zeigt
gemittelte Werte aus den Ergebnissen verschiedener Autoren für

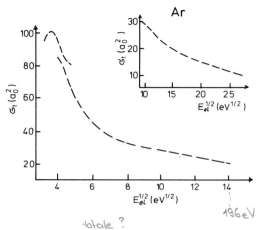

Fig. 2.4 Wirkungsquerschnitte für die Elektronenstreuung in Ar bei etwas höheren Geschwindigkeiten nach |Wa 80|.

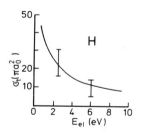

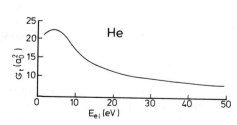

Fig. 2.5 Totale Wirkungsquerschnitte für die Streuung niederenergetischer Elektronen an H und He, nach |Bla 80|.

H- und He-Atome. Eine kritische Übersicht über die verschiedenen Ergebnisse haben Bederson und Kieffer publiziert |oBe 71|.

Mit einer weiter entwickelten Apparatur haben bereits Ramsauer und Kollath |Ra 32| differentielle Wirkungsquerschnitte für die Elektronenstreuung an Edelgasen gemessen. Sie fanden eine starke Winkelabhängigkeit, die auch noch erheblich von der Elektronenenergie abhängt. Die Fig. 2.6 zeigt Beispiele jener Meßresultate. In den Figuren (in Polarkoordinatendarstellung) gibt das jeweilige radiale Maß der Kurve die gemessene Intensität für den Streuwinkel an. Die Zahlenwerte an den Kurven sind die Elektronenenergien. Sie liegen immer unterhalb der untersten Schwelle für die Anregung der Atome. Es liegt also nur elastische Streuung vor.

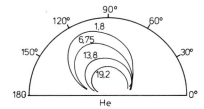

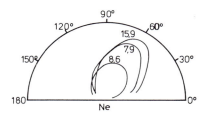

Fig. 2.6 Azimutale Winkelabhängigkeit (differentieller Wirkungsquerschnitt) für die Elektronenstreuung an He und Ne, nach |Ra 32|.

Eine Übersicht über zahlreiche weitere Messungen der elastischen Elektronenstreuung findet man bei Massey und Burhop |x Mas 69|.

2.1.3. Theoretische Betrachtung zur Elektronenstreuung

Die Theorie der elastischen Streuung von Elektronen ist schon frühzeitig bearbeitet worden. Es zeigt sich, daß nur die Anwendung der Quantenmechanik zu Ergebnissen führt, die gerade auch bei den kleinsten Energien mit den experimentellen Befunden in Einklang sind. Für hohe Drehimpulse der stoßenden Elektronen erhält man eine Annäherung an die Aussagen der klassischen Mechanik. Zum intensiveren Studium sei auf die Lehrbücher von Landau-Lifschitz |x La 70|, sowie von Geltmann |x Gel 69| und Massey und Burhop |x Mas 69|, ferner auf die zusammenfassenden Berichte in |x Has 74|, |x Mas 74| und |oMoi 62| hingewiesen.

Klassisch und sehr vereinfacht könnte man zunächst die Streuung von Elektronen nur an isolierten einzelnen Elektronen der Atomhülle in Betracht ziehen. Dies würde auf die Rutherfordsche Streuformel für die Streuung geladener Teilchen mit der Ladung e an einer Ladung $Z \cdot e$ (Streuung im Coulombfeld) führen, wobei noch zu beachten ist, daß es sich um einen Streuprozesse identischer Teilchen handelt. Für den Fall genügend schneller Elektronen, daß nämlich $\frac{e^2}{\hbar \cdot v} \ll 1$ (v ist die Relativgeschwindigkeit der Teilchen) ist, und in einem System, in dem vor dem Stoß eines der Elektronen ruht, wird (s. |x La 70| Bd 2, S. 206)

$$\frac{d\sigma}{d\Omega} = \left(\frac{2e^2}{m_{el}v^2}\right)^2 \left| \frac{1}{\sin^4\theta} + \frac{1}{\cos^4\theta} - \frac{1}{\sin^2\theta\cos^2\theta} \right| \cos\theta \qquad (20)$$

wobei $d\Omega$ das Raumwinkelelement im oben genannten Koordinatensystem ist.

Dieser Fall ist aber zu speziell und löst nicht das Problem einer Streuung relativ langsamer Elektronen an Atomen. Vielmehr hat man es dabei mit der Streuung im statischen Feld des Atoms zu tun, welches in erster Näherung wieder durch eine Zentralpotential $U(r)$ beschrieben wird. Für das H-Atom bekommt man

$$U(r) = -\frac{e^2}{4\pi\varepsilon_0} \cdot e^{-\frac{2r}{a_0}} \left(\frac{1}{r} + \frac{1}{a_0}\right) \qquad (21)$$

mit

$$a_o = \frac{\hbar^2 \cdot 4\pi\varepsilon_o}{m_{el} \cdot e^2}$$

Sonst kann man näherungsweise

$$U(r) = -Z_p \frac{e^2}{4\pi\varepsilon_o \cdot r} \qquad (22)$$

setzen, wobei Z_p als effektive Kernladung bezeichnet wird. Z_p fällt für große r exponentiell mit r ab. Die Werte sind tabelliert (z.B. bei Hartree |oHa 46|).

Zur quantenmechanischen Behandlung der elastischen Elektronenstreuung ging man zunächst von der Schrödinger-Gleichung aus unter Einsatz des genannten Potentials U(r). Dabei werden für den Bereich der niedrigeren Elektronenenergien Lösungen gesucht, bei denen die Wellenfunktion für große r die asymtotische Form

$$\psi \sim e^{ikz} + \frac{e^{ikz}}{r} f(\Theta, \phi) \qquad (23)$$

annimmt. (z ist die Flugrichtung des eintreffenden Elektrons.) $f(\Theta, \phi)$ heißt Streuamplitude und ist eine Funktion des Streuwinkels. Die Theorie führt darauf, daß

$$I(\Theta, \phi) = |f(\Theta, \phi)|^2 \qquad (24)$$

ist.

Bei der sogenannten "Partialwellenmethode" geht man davon aus, daß man es mit Elektronen mit dem Impuls $m_{el}v$ zu tun hat, die in einem Abstand b vom Streuzentrum vorbeifliegen. Klassisch erfährt jedes Teilchen mit *jedem* definierten Drehimpulsmoment $m_{el} \cdot v \cdot b$ eine ganz bestimmte Ablenkung. Dies ist für die quantenmechanische Betrachtung aber nicht mehr gültig. Hier gehört nur zu jedem quantisierten Drehimpulsmoment $J = \sqrt{l(l+1)}\,\hbar$ eine bestimmte Winkelverteilung der jeweiligen Streuamplitude. Die gesamte Streuamplitude erhält man durch Addition der Beträge zu den getrennten Drehimpulsmomenten. Der totale Streuquerschnitt ist dann

$$\sigma_{tot} = \Sigma \sigma_l \quad . \tag{25}$$

Zur Lösung des Streuproblems für ein Zentralfeld (zylindersymmetrisch bezüglich der z-Achse) setzt man für die Wellenfunktion

$$\psi = \frac{1}{2} \sum_{l=0}^{\infty} \phi_l \, P_l(\cos\Theta) \tag{26}$$

und löst die Schrödinger-Gleichung für die Funktion ϕ_l (s. z.B. |x Mo 65|). Es ergibt sich, daß

$$\phi_l \sim \frac{1}{k} \sin(kr - \frac{1}{2} l \cdot \pi + \eta_l) \quad \text{ist} \quad (k = \frac{m_{el} \cdot v}{\hbar}) \quad . \tag{27}$$

Dabei ist η_l eine sich bei der Streuung einstellende Phasenverschiebung (unter Beachtung der Mehrdeutigkeit der möglichen Werte für η_l). Die genaue Berechnung der Streuphasen findet man bei Massey-Burhop, sowie Landau-Lifschitz |x Mas 69|,|x La 70|,|oMoi 62|.

Die Ausarbeitung der Theorie liefert schließlich für die Streuamplitude die Beziehung:

$$f(\Theta) = \frac{1}{k} \sum_{l=0}^{\infty} (2l+1) e^{i\eta_l} \cdot \sin\eta_l \cdot P_l(\cos\Theta) \tag{28}$$

(partielle Streuamplitude)

und für

$$I(\Theta) = \frac{1}{4k^2} |\Sigma\{\exp(2i\eta_l)-1\}(2l+1) P_l(\cos\Theta)|^2 \quad . \tag{29}$$

Durch Integration über ϕ und Θ kommt man zur Aussage über den Wirkungsquerschnitt σ_l

$$\sigma_l = \frac{4\pi}{k^2} (2l+1) \sin^2\eta_l \tag{30}$$

(Partialwirkungsquerschnitt l ter Ordnung)

und $\sigma_{tot} = \Sigma \sigma_l$.

Für sehr kleine Energien ist praktisch nur η_o von Bedeutung, sodaß

$$I_o(\Theta) = \frac{1}{4k^2} |\{ \exp(2i\eta_o) - 1 \} P_o|^2 \qquad (31)$$

wobei $P_o(\cos\Theta) = 1$ für alle Θ,
sodaß die Winkelverteilung unter diesen Bedingungen gleichförmig sein sollte.

Diese Formeln für die elastische Streuung sind in ihren wesentlichen Punkten bereits 1927 von Faxen und Holtsmark |Fa 27| aufgestellt worden. Die weiter entwickelte Theorie hat gezeigt, daß sie für alle Streupotentiale der Art $U = \frac{A}{r^n}$ mit $n < 2$ für kleine r und $n > 2$ für $r \to \infty$, sowie für solche mit einem exponentiellen Abfall, wie er für Atomfelder charakteristisch ist, gelten. Dazu muß noch der Einfluß einer Polarisierung des Atoms infolge der Annäherung des Elektrons beachtet werden, der durch das entstehende Dipolmoment zu einer anziehenden Kraft für das Elektron führt.

Daß die experimentellen Befunde auch für die kleineren Energien durch die theoretischen Streuformeln gut wiedergegeben werden, zeigt die Fig. 2.7, in der exemplarisch die partiellen und totalen Wirkungsquerschnitte für die elastische Streuung von Elektronen an Kr als Funktion der Energie aufgetragen sind. Das Minimum bei niedrigen Energien ist deutlich zu erkennen.

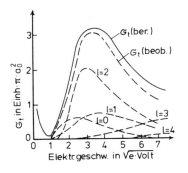

Fig. 2.7. Berechnete partielle und gemessene totale Wirkungsquerschnitte für die niederenergetische Elektronenstreuung an Kr.

Offensichtlich ist der Ramsauereffekt als ein Interferenzeffekt von Partialwellen zu verschiedenen Drehimpulsen allgemein unter Zugrundelegung eines Hartree-Potentials zuzüglich eines Polarisationspotentials für das Atomfeld zu verstehen. Bei den leichtesten Atomen ist der Effekt allerdings noch nicht in dieser bestimmten Form zu erkennen (s. Fig. 2.5).

Eine oft komplizierte quantenmechanische Theorie der elastischen Elektronenstreuung erklärt durch Anwendung von geeigneten Näherungsverfahren die beobachteten Wirkungsquerschnitte im wesentlichen auch für den Fall stärkerer Streufelder, d.h. der schwereren Atome, für die es klassisch keine einfache Erklärung gibt. Zum weiteren Studium sei auf die zusammenfassenden Darstellungen bei |oMois 62|, |x Mas 69| verwiesen.

2.1.4. Elastische Elektronenstreuung bei etwas höheren Energien

Bei den höheren Stoßenergien der Elektronen werden diese in ihren Bahnen wesentlich schwächer von den Streufeldern beeinflußt. Hier verwendet man bei der Theorie zu diesem Streuproblem im allgemeinen die Born'sche Näherung. Sie kann auch für den Fall unelastischer Stöße, d.h. solcher mit einer Anhebung des Atoms in angeregte Zustände oder schließlich in den Ionenzustand herangezogen werden. Eine ausführliche Darstellung der Theorie wird von Massey und Burhop |x Mas 74|, sowie z.B. von Moiseiwitsch und Smith |oMois 68| geliefert.

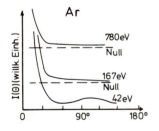

Fig. 2.8 Winkelabhängigkeit des Streuwirkungsquerschnitts für etwas höhere Elektronenenergien an Ar (a) und Hg (b).

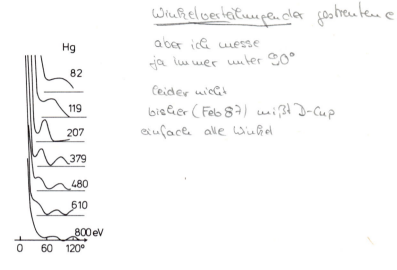

[handwritten notes: Winkelverteilung der gestreuten e⁻ aber ich messe ja immer unter 90° leider nicht bisher (Feb 87) mißt D-Cup einfach alle Winkel]

Die Fig. 2.8 zeigt Beispiele für die beobachteten Winkelverteilungen der gestreuten Elektronen, die charakterisiert sind durch starke Maxima in der Vorwärtsrichtung mit kleineren, als Interferenzphänomene zu deutenden Maxima und Minima nach größeren Winkeln hin für Ar und Hg (s. z.B. |x Mas 69|).

2.1.5. Mittlerer Energieverlust pro Stoß

Man kann zeigen (s. hierzu z.B. |x Mas 69|, |x Mas 64|), daß ein Elektron der Energie E bei Streuung an einem Atom der Masse m in die Richtung Θ Energie verliert (d.h. an das Atom überträgt); so daß

$$\frac{\Delta E}{E} \approx \frac{m_{el}}{m} 2 \cdot (1-\cos \Theta) \quad \text{ist.} \tag{32}$$

Der mittlere Energieverlust pro Stoß ist dann, wenn die Wahrscheinlichkeit für eine Streuung in den Raumwinkel dΩ gegeben ist durch

$$P(\Theta) = \frac{\frac{d\sigma}{d\Omega}}{\sigma} \quad , \tag{33}$$

$$2\left(\frac{m_{el}}{m}\right) \int_0^\pi \int_0^{2\pi} P(\Theta)(1-\cos\Theta)\sin\Theta d\Theta d\phi = 2\,\frac{m_{el}}{m}\,\frac{\sigma_D}{\sigma} \qquad (34)$$

mit

$$\sigma_D = \int_0^\pi \int_0^{2\pi} \frac{d\sigma}{d\Omega}(1-\cos\Theta)\sin\Theta d\Theta d\phi \qquad . \qquad (35)$$

Man nennt σ_D den Impulsübertragungs- oder Diffusionsquerschnitt. Er ist ein Maß für den Impulsverlust eines Elektrons beim Durchgang durch ein Gas (in Vorwärtsrichtung).

Ist $I(\Theta)$ konstant für alle Θ, wie es für langsame Elektronen annähernd der Fall ist, wird $\sigma_D = \sigma_{tot}$.

2.1.6. Ratenkonstante

Für die Behandlung von unelastischen Stößen in Gasen, von chemisch reaktiven Stößen oder von Rekombinationsprozessen spielt die "Ratenkonstante k" eine Rolle (s. hierzu z.B. |x Has 64|). Wird die Zahl der Teilchen der Dichte n_1 durch Stöße mit Teilchen anderer Art mit der Teilchendichte n_2 geschwächt, dann gilt

$$\frac{dn_1}{dt} = -k\cdot n_1 \cdot n_2 \quad , \qquad (36)$$

dabei ist k die Ratenkonstante $\left|\frac{cm^3}{s}\right|$.

Ist $f(v_r)dv_r$ die Zahl der Stöße von Teilchen mit der relativen Geschwindigkeit zwischen v_r und v_r+dv_r, dann ist k auch definiert als

$$k = \int_0^\infty v_r \cdot \sigma(v_r) \cdot f(v_r) dv_r \qquad . \qquad (37)$$

Der Zusammenhang mit dem Stoßquerschnitt wird aus dem speziellen Fall ersichtlich, daß $f(v_r)$ als Dirac-Funktion $= \delta(v_r - v_{r_0})$ vereinfacht werden kann (für nur eine einzige Geschwindigkeitsverteilung). Dann wird

$$k = \sigma(v_{r_0}) \cdot v_{r_0} \qquad (38)$$

und wenn σ nicht mehr von v_r abhängt,

$$k = \overline{v_r} \cdot \sigma \quad . \tag{39}$$

2.1.7. Driftgeschwindigkeit von Elektronen in Gasen bei einem überlagerten elektrischen Feld

Für zahlreiche Anwendungen in Gasentladungen (z.B. auch in Teilchendetektoren) spielt das Geschwindigkeitsverhalten der Elektronen als Funktion der Feldstärke eines dem Gas überlagerten elektrischen Feldes eine wichtige Rolle. Wenn ein Schwarm von Elektronen mit der kinetischen Energie $m_{el} \cdot \frac{v_{el}^2}{2}$ sich in einem Feld der Feldstärke E bewegt, dann nehmen die Elektronen eine Driftgeschwindigkeit v_D an, wobei $v_D \ll v_{el}$ ist. Legt das Elektron einen Weg x in Feldrichtung zurück, ist sein wirklicher Weg $x \cdot \frac{\overline{v_{el}}}{v_D}$. Der relative Energieverlust pro Stoß ist (s. (32))

$$\lambda_{el} = \frac{2m_{el}}{m} \quad . \tag{40}$$

Ist l_f die mittlere freie Weglänge und damit das Verhältnis von Weg zu l_f auch gerade gleich der Zahl der Stöße längs des Weges x, so ist der relative Energieverlust längs x $\lambda_{el} \cdot \frac{x \cdot \overline{v_{el}}}{l_f \cdot v_D}$, der im Mittel ausgeglichen wird durch den Energiegewinn im E-Feld, also

$$2 \cdot \frac{m_{el}}{m} \cdot \frac{m_{el}}{2} v_{el}^2 \cdot \frac{x \cdot v_{el}}{l_f \cdot v_D} = E \cdot e \cdot x \quad , \tag{41}$$

woraus folgt

$$\frac{m_{el}^2}{m \cdot v_D} \cdot v_{el}^3 = E \cdot e \cdot l_f \quad . \tag{42}$$

Nun ist l_f umgekehrt proportional zum Gasdruck, $l_f \sim \frac{1}{p}$. Es ist also zu erwarten, daß sowohl v_{el} als auch v_D vom $\frac{E}{p}$ abhängt. Die Geschwindigkeitsverteilung der Elektronen weicht dabei in einer komplizierten Weise von einer Maxwell-Verteilung ab, insbesondere wenn man nicht nur kleine reduzierte Feldstärken betrachtet.

(Nähere Ausführungen zu dieser Frage findet man bei |x Has 64|).

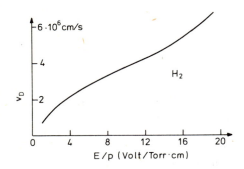

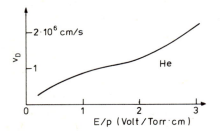

Fig. 2.9 Driftgeschwindigkeiten von Elektronen in einigen Gasen.

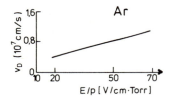

Für den Zusammenhang $v_D(\frac{E}{p})$ ist man auf experimentelle Ergebnisse angewiesen. Daher sind zahlreiche Untersuchungen zu diesem Problem durchgeführt worden. In einem engen Bereich herrscht zwar Proportionalität zwischen v_D und E, doch müssen die genaueren Zusammenhänge den Meßkurven entnommen werden. Die Fig. 2.9 zeigt einige diesbezügliche Ergebnisse für die Gase H_2, He und Ar bei kleinen reduzierten Feldstärken.

2.1.8. Resonanzen bei der elastischen Elektronenstreuung

Die Beobachtung scharfer Resonanzen in der elastischen Streuung von Elektronen an Atomen und Molekülen gehört zu den bedeutsamsten Entdeckungen auf dem Gebiet der Atomphysik der letzten 20 Jahren. Sie wurde ermöglicht durch die sehr verbesserte Technik in der Beherrschung von Elektronenstrahlen, insbesondere durch den Bau von geeigneten Elektronenquellen, sowie von Elektronen-Monochromatoren und -Analysatoren, mit denen Elektronen mit Energien im Bereich von 10 eV mit einer Energieauflösung von ca. 10 meV erzeugt und analysiert werden konnten. Infolge mangelnder Energieauflösung waren früher Strukturen in der Elektronenenergieverteilung (z.B. im Energie-Kontinuum oberhalb der Ionisierungsgrenze) letztlich unentdeckt geblieben, obwohl gelegentlich Hinweise auf besondere Strukturen, z.B. bei Transmissions-Messungen von Elektronen durch Gase vermerkt worden sind. Bereits 1921 hatte James Franck ein "seltsames Phänomen" in Ne-Gasentladungen auf das Vorhandensein sehr kurzlebiger Ne-Ionen zurückgeführt, die nach seinem Vorschlag dadurch zustande kommen sollten, daß zunächst ein Elektron aus einer äußeren Schale in ein nicht gefülltes Orbital angehoben wird und damit ermöglicht, daß ein zweites Elektron an dieses gebunden wird und damit kurzzeitig ein negatives Ion bildet. Trotz gelegentlicher Beobachtungen, z.B. über Unregelmäßigkeiten im Streuquerschnitt von Elektronen in He im 60 eV-Bereich konnte erst in den 60er Jahren durch Schulz |oSch 73| - nach Anregung zu solchen Experimenten aus theoretischen Überlegungen - eine dann sehr bekannt gewordene Streuresonanz der Elektronen an He bei 19,3-19,5 eV mit zwingender Genauigkeit gemessen werden. Die Fig. 2.10 zeigt die gemessene Kurve, die die typische Form einer Dispersionskurve aufweist.

Die Beschreibung der Apparatur und dieser, sowie zahlreicher folgender Messungen ist von Schulz zusammengefaßt worden |oSch 73|. Bei den Messungen zur Figur 2.10 kreuzte ein Elektronenstrahl mit einer Energiebreite von 0,12 eV einen Strahl von He-Atomen. Es wurden die unter 72° elastisch gestreuten Elektronen beobachtet. Das Minimum der Streuquerschnittskurve liegt bei 19,3 eV und damit ca. 0,5 eV *unter* dem ersten Anregungspotential 2^3S des neutralen

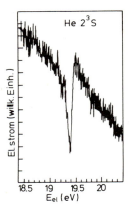

Fig. 2.10 Resonanz in der Streuung von Elektronen an He bei 19,3 eV, nach |oSch 73|.

He-Atoms. Diese Resonanz ist dann auch durch Transmissionsmessungen bestätigt worden. Es handelt sich um eine Resonanz, bei der das Projektil länger als die normale Durchlaufzeit in der Nachbarschaft des He-Atoms verweilt. Unterhalb der Schwelle für eine inelastische Streuung (d.h. unterhalb des Anregungsniveaus) kann der Resonanzzustand nur gemäß

$$(1s)(2s)^2\,{}^2S \rightarrow (1s)^2 + \text{Elektron}$$

zerfallen, also nur durch die Aussendung eines Elektrons, nicht eines Photons. Oberhalb der Schwelle kann der Zerfall auch gemäß

$$(1s)(2s)^2\,{}^2S \rightarrow (1s)(2s) + \text{Elektron} + \text{Photon}$$

erfolgen. Ähnliche Resonanzen wurden dann z.B. auch bei Ne als Resonanzpaar der $(2p^53s^2)^2P_{3/2}$- und $^2P_{1/2}$-Zustände und dann bei zahlreichen weiteren Atomen gefunden |oSch 73|.

Die Literatur über die Theorie der bei Elektronenstreuung möglichen Resonanzen ist sehr umfangreich. Für die Streuung an Atomen ist sie z.B. von K. Smith |oSmi 66|, für solche an Molekülen z.B. von Bardsley und Mandl mit umfangreichen Angaben für spezielle Literatur zusammengefaßt worden |oBar 68|.

Ein resonanter Zustand ist hier ein zeitweise gebundener Zustand von Projektil und Targetteilchen mit einem Zerfall des Zustandes durch Emission eines Elektrons. Man muß also nach Mechanismen suchen, bei denen das Elektron zeitweise an das Targetteilchen gebunden wird. Man kann unterscheiden in:

Shape-Resonanzen. Hier sorgt die besondere Form des Streupotentials für den gewünschten Effekt. Der einfachste Fall für das Einfangen eines Elektrons ist eine Potentialbarriere. Das einfallende Elektron erfährt ein anziehendes Potential, das von einem abstoßenden Potential umgeben ist. Schematisch liegt ein solcher Potentialverlauf in der Figur 2.11 vor.

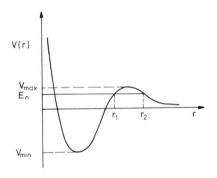

Figur 2.11 Potentialverlauf für die Entstehung von Shape-Resonanzen.

Wenn das Teilchen in den anziehenden Bereich eingedrungen ist, wird es am Entweichen durch die Potentialbarriere behindert. Das anziehende Potential stammt aus der Coulomb-Anziehung von Elektron und Kern, die Barriere wird meist durch die Zentrifugalkraft bewirkt. Sie ist von der Größe einige eV und einer Breite r_2-r_1 von einigen a_0. E_n ist die Energie, bei der die Resonanz auftritt. Die Möglichkeit des Elektrons, das System durch den Tunneleffekt zu verlassen, hängt mit Tiefe und Breite des Potentials zusammen. Derartige Shape-Resonanzen treten auch häufig bei Molekülen auf.

Andere Shape-Resonanzen sind mit einem elektronisch angeregten
Zustand des Targetteilchens verbunden. Das ankommende Elektron
regt einen Targetzustand an, dessen Energie geringer ist als die
Resonanzenergie. Das Elektron hat genügend Energie, um das Targetteilchen zu verlassen, und läßt dieses im angeregten Zustand
zurück (core-angeregt). Wenn das Potential, das das Elektron
erfährt, eine Barriere enthält, wird das Elektron aber zeitweise
gebunden. Die Verweilzeiten liegen im Bereich 10^{-15}-10^{-13} s. Ein
bekanntes Beispiel einer core-angeregten Shape-Resonanz ist die
des ^{1}P-Zustandes von H$^-$ bei 10,22 eV |oSch 73|.

Feshbach-Resonanzen treten auf, wenn das ankommende Elektron bei
der Anregung des Targetteilchens Energie verliert und schließlich
selbst zu wenig Energie besitzt, um wegzufliegen, während das
Targetteilchen im angeregten Zustand verbleibt. Es muß Energie
reabsorbieren. Resonanzen dieser Art waren schon aus der Kernphysik bekannt als Bohr-Feshbach-Resonanzen (zeitweise Bindung eines
Projektils infolge einer Energieübertragung an den Targetkern,
z.B. von Neutronen, mit typischen Dispersionskurven für die Energieabhängigkeit des Streuquerschnitts). Feshbach-Resonanzen treten
häufig bei den Atomen, aber auch bei Molekülen auf. Die von Schulz
gefundene, oben erwähnte Streuresonanz am He ist eine typische
Feshbach-Resonanz. Das ankommende Elektron regt durch Energieübertragung eines der beiden He-Elektronen in ein 2s-Orbital an und
bleibt kurzzeitig in dem daraus resultierenden Zustand gebunden.

Für das H-Atom sind aus Rechnungen zahlreiche Resonanzen, z.B.
unterhalb und oberhalb des n=2-Zustandes des H-Atoms (bei 10,204
eV) hervorgegangen. Von Schulz ist eine Resonanz bei etwa 9,7 eV
± 0,15 eV beobachtet worden. Bei weiteren Untersuchungen von
Kleinpoppen und Mitarb. |Kle 65| konnte die Energieauflösung sehr
verbessert werden. Ein Strahl von H-Atomen, die aus thermischer
Dissoziation von H_2 in einem Wolfram-Ofen bei 2600 K entstanden,
kreuzte einen Elektronenstrahl. Die Streuintensität wurde hier
unter 94° als Funktion der Elektronenenergie beobachtet. Das Re-
sultat zeigt die Figur 2.12a.

Als Beispiel ähnlicher Untersuchungen zeigt die Fig. 2.12b aufge-
löste Feshbach-Resonanzen unterhalb n=2 aus Transmissionsmessungen
|oSch 73|. Das Niveau-Diagramm der Fig. 2.13 soll einen Eindruck

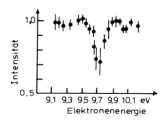

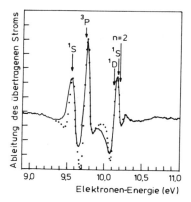

Fig. 2.12. Streuresonanzen für die Streuung an H-Atomen.

a) Resonanzen bei 9,7 eV aus Streuung unter 94°, nach |Kle 65|.

b) Feshbach-Resonanzen im n=2-Bereich aus Transmissionsmessungen |Schu 64|.

geben von der Vielzahl der im Bereich n=2 und n=3 theoretisch möglichen Resonanzen, im Vergleich zu den experimentell gefundenen. Es weist sowohl auf die Resonanzen im Bereich 9,6-9,7 eV, als auch auf die Shape-Resonanzen oberhalb von n=2 hin.

Schließlich sei darauf hingewiesen, daß die Erkenntnisse aus den genannten Versuchen sehr zum Verständnis von negativen Ionen beigetragen haben, die später noch besprochen werden sollen.

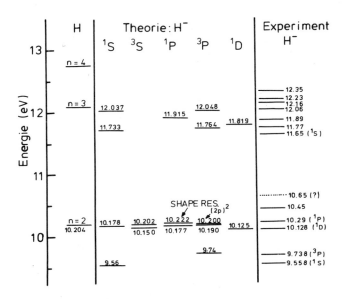

Fig. 2.13. Zustandsdiagramm berechneter und gemessener Zustände des atomaren Wasserstoffs im n=2- und n=3-Bereich, nach |oSch 73|.

2.2. Unelastische Streuung; Anregung atomarer Zustände

2.2.1. Anregung von Atomen; Energieabhängigkeit

Nachdem Franck und Hertz durch ihre berühmten Elektronenstoßexperimente die Existenz definierter angeregter Zustände in der Atomhülle aufgezeigt hatten, tat sich ein breites Feld für weitere diesbezügliche Untersuchungen auf. Zum Verständnis der Versuche sei auf die Energiebeziehung hingewiesen:

$$e\ (E) + A \rightarrow A^* + e\ (E-E_s);\quad A^* \rightarrow A + h\nu \quad . \tag{43}$$

E ist die Elektronenenergie und E_s die Schwellenenergie. Man kann demnach die Frequenz und die Intensität der emittierten Strahlung oder auch die Energie der emittierten Elektronen messen. Gerade das letztere Verfahren ist in den letzten Jahren zu hoher Genauigkeit entwickelt worden. Zunächst wurde meist die Anregung durch die Emission typischer Spektrallinien festgestellt. Allerdings führt die Einstellung eines angeregten Zustandes nicht immer zu einer Emission von Strahlung, da manche Zustände auf Grund der Auswahlregeln für elektrische Dipolstrahlung strahlungsverboten sind. Später stellte man dann fest, daß auch elektronisch angeregte Zustände von Molekülen (mit überlagerten Schwingungsstrukturen) erfaßt werden konnten, doch kann dieser Bereich hier nur angedeutet werden. Viele Experimente befaßten sich mit der Bestimmung von Anregungsquerschnitten und deren Abhängigkeit von der Elektronenenergie. Es zeigte sich, daß letztere vielfach für mehrere Anregungsniveaus ähnlich verläuft. Ein bekanntes Beispiel zeigt die Anregung von Ag (Fig. 2.14). Der Anstieg oberhalb der Schwelle erfolgt hier rasch bis zu einem Maximum. Nach größeren Energien hin findet ein allmählicher Rückgang des Wirkungsquerschnitts statt. Doch ist das Maximum nicht immer so schmal ausgeprägt, wie exemplarisch für einige Singulettlinien des Hg in Fig. 2.15 gezeigt wird.

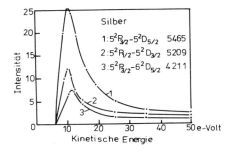

Fig. 2.14. Energieabhängigkeit angeregter Zustände des Ag bei Elektronenstoß.

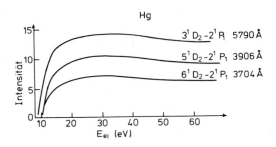

Fig. 2.15. Energieabhängigkeit angeregter Zustände des Hg bei Elektronenstoß.

Die theoretische Erfassung dieser Prozesse hat sich als schwierig erwiesen. Zahlreiche Berechnungen unter Verwendung verschiedenartiger Näherungsverfahren (Born'sche Näherung oder "distorted wave approximation") sind vor allem für die Anregung des H-Atoms durchgeführt worden |oMois 62|. Einen Vergleich der Ergebnisse über die Anregung der Lyman-α-Strahlung des H-Atoms (s. z.B. Fite in |oFi 62|) mit Ergebnissen aus derartigen Rechnungen zeigt die Fig. 2.16. Bezüglich der detaillierten theoretischen Aufarbeitung der Probleme muß auf die Literatur hingewiesen werden (z.B. Seaton in |oSea 62|).

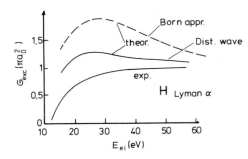

Fig. 2.16. Energieabhängigkeit der Anregung der Lyman-α-Strahlung des H-Atoms und Vergleich mit der Theorie, nach |Fi 58|.

Der Wirkungsquerschnitt für Anregung nimmt allgemein mit steigender Elektronenenergie ab. Für erlaubte Übergänge ist nach der Theorie

$$\sigma_n \sim \frac{1}{v^2} \cdot \ln v \quad . \tag{44}$$

Das Produkt $\sigma_n \cdot E$ nimmt also mit der Energie allmählich zu. Für höhere Anregungszustände n erweist sich σ_n als erheblich kleiner, und zwar ist, sofern n genügend groß ist,

$$\sigma_n \sim \frac{1}{n^3} \quad . \tag{45}$$

Dies ist in der Tendenz auch aus der Fig. 2.15 ersichtlich. Für die Anregung optisch verbotener Übergänge sagt die Theorie aus, daß

$$\sigma \sim \frac{1}{E} \quad \text{ist,} \tag{46}$$

d.h., daß das Produkt $\sigma_n \cdot E$ konstant sein müßte. Dazu sind zahlreiche Messungen an leichten Elementen durchgeführt worden, die eine recht gute Übereinstimmung mit der Theorie ergaben. Dabei konnte auch gezeigt werden, daß für Stöße schwerer Teilchen, z. B. von Protonen, mit Anregung der Targetatome die gleichen Energieabhängigkeiten bestehen. Die Fig. 2.17 zeigt für die Stöße von Elektronen und vergleichsweise Protonen auf He die genannten Energie- und n-Abhängigkeiten. Dabei ist als Ordinate die Funktion $\frac{\sigma_n \cdot E}{4\pi a_0^2 \cdot R}$ (Bethe-Plot) aufgetragen. R ist die Rydbergenergie; diese ist z.B. für das Wasserstoffatom gleich der Ionisierungsenergie. Die Figur zeigt deutlich die unterschiedlichen Gesetz-

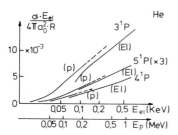

Fig. 2.17. Energieabhängigkeit der Anregung erlaubter Zustände bei He und Vergleich von Elektronen- und Protonenstoß, nach |Mou 69|. ——— Protonenstoß ----- Elektronenstoß.

mäßigkeiten für die Anregung erlaubter - hier der (n - ^{1}P) - und in Figur 2.18 optisch verbotener - hier der (n - ^{1}D) - Übergänge, nach |Mou 69|.

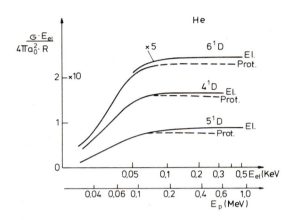

Fig. 2.18. Energieabhängigkeit der Anregung nicht erlaubter Übergänge bei He bei Elektronen- und Protonenstoß, nach |Mou 69|; ——— Protonenstoß ----- Elektronenstoß.

Der Abszissenmaßstab, bei dem $E_{el} = \frac{m_{el}}{m_p} E_p$ ist, zeigt, daß es dabei offenbar nur auf die Geschwindigkeit der bewegten Ladungen ankommt.

Daß die Methode der Anregung durch Elektronenstoß gerade auch zur Bestimmung strahlungsverbotener (z.B. metastabiler) Zustände geeignet ist, zeigt exemplarisch die Fig. 2.19 für die Anregung einiger Zustände von He als Funktion der wachsenden Elektronenenergie, nach Messungen von Schulz |Schu 59|. Die metastabilen Atome wurden durch die Elektronen nachgewiesen, die sie beim Auftreten auf eine geeignete Detektoroberfläche auslösen. ("geeignet" bedeutet dabei, daß die Austrittsarbeit des von den metastabilen Atomen getroffenen Materials kleiner ist als die von den metastabilen Atomen zur Verfügung gestellte Photonenenergie (Langmuir-Taylor-Effekt)).

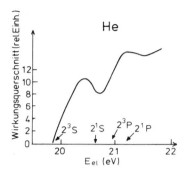

Fig. 2.19. Anregung metastabiler Zustände des He
durch Elektronenstoß, nach |Schu 59|.

2.2.1.1. Koinzidenzexperimente

Während sich die früheren Erkenntnisse auf die Erfassung der
Emission von Photonen aus den angeregten Zuständen stützten und
zahlreiche neuere Untersuchungen aus der Energieverteilung der
gestreuten Elektronen (Elektronenspektroskopie) Schlüsse auf die
angeregten Niveaus lieferten, hat sich ein neues Feld zum Studium
der Elementarprozesse in der Elektronenstreuung dadurch aufgetan,
daß nun Koinzidenzen zwischen den gestreuten Elektronen und den
emittierten Photonen registriert wurden. Die Experimente befassen
sich einerseits mit der Messung der Winkelkorrelationen, woraus
detaillierte Informationen über die Anregungsamplituden der Streu-
zustände und deren Phasen, sowie über Kohärenzeigenschaften der
Anregungsprozesse gewonnen werden konnten. Außerdem können, erweitert noch durch Untersuchungen mit polarisierten Elektronen
oder polarisierten Atomen, zusätzlich wichtige Kenntnisse über die
Drehimpulsverhältnisse und die Austauschwechselwirkungen zwischen
Atomen und Elektronen erzielt werden. Zur näheren Unterrichtung
über die experimentell recht schwierigen Untersuchungen sei auf
den Bericht von Kleinpoppen |oKle 81| (daselbst weitere Literatur-
hinweise) verwiesen.

2.2.2. Bestimmung der Lebensdauer angeregter Zustände

In den Lehrbüchern für Atomphysik (z.B. |x Dö 62|, |x May 77|, |x Ku 64|) wird gezeigt, daß die Wahrscheinlichkeit für Übergänge zwischen verschiedenen atomaren Zuständen (i und k) durch eine "spontane" Emission von Dipolstrahlung A_{ik} mit der mittleren Lebensdauer des Vorgangs τ_{ik} verknüpft ist. Wäre nur ein einziger Übergang vom Zustand i in den Zustand k möglich, wäre $\tau_{ik} = \frac{1}{A_{ik}}$.

Den allgemeinen Fall, daß mehrere Unterzustände von k erreicht werden können, erfaßt man durch die Beziehung

$$f_{ik} = \frac{A_{ik}}{\sum_k A_{ik}} \quad . \qquad (46a)$$

Dann wird

$$\tau_{ik} = \frac{f_{ik}}{A_{ik}} \quad .$$

f_{ik} sind die sogenannten Oszillatorenstärken. $\sum_k A_{ik}$ entspricht dem klassischen Wert A_{ik}. Da man in vielen Fällen die Werte von A_{ik} klassisch als auch quantenmechanisch berechnen kann, gewinnt man aus der Messung von τ Werte für f_{ik} und damit Aussagen über die Kopplungsverhältnisse der beteiligten Zustände. Die Bestimmung der mittleren Lebensdauern ist daher eine interessante und wichtige Aufgabe.

Es sind zahlreiche Meßverfahren zur Ermittlung dieser Größe für experimentell gut erfaßbare spektrale Übergänge (Spektrallinien) ausgearbeitet und angewandt worden, denen zum Teil elektronische und atomare Stoßprozesse, zum Teil aber auch Resonanzstreuprozesse von Photonen zugrunde liegen. Im Sinne einer einführenden Übersicht sollen einige der wichtigsten Verfahren hier aufgeführt werden. Eine sehr umfangreiche Darstellung der Methode zur Bestimmung von Lebensdauern mit vielen Zitaten der Originalliteratur haben Imhof und Reed |oIm 77| geliefert, in der auch die Ausnutzung der neueren Techniken der level-crossing-Phänomene und der Doppelresonanzen beschrieben worden ist. Eine Ausweitung des vorliegenden Textes auf diese Methoden, die jeweils gründliche Kenntnisse über die Hyperfeinaufspaltungen in schwachen Magnetfeldern voraussetzen, würde den Rahmen dieses Textes übersteigen. Besonders soll noch darauf hingewiesen werden, daß die genannten Autoren auch sehr ausführlich auf die möglichen Fehler bei den Experimenten und der analytischen Auswertung der Meßdaten eingehen.

2.2.2.1 Phasenverschiebungstechnik

Hierbei wird das zu untersuchende Gas einer hochfrequenzmodulierten Anregung unterworfen, wobei die HF-Periode einige Mal größer als die erwartete Lebensdauer des angeregten Zustandes ist. Man beobachtet eine Resonanzstreuung und mißt die Phasenverschiebung zwischen den eine Resonanzstrahlung anregenden Intensitätsimpulsen und den gestreuten Strahlungsimpulsen |Osberg,Gaus 56|. Die Phasenverschiebung rührt her von der endlichen Lebensdauer des angeregten Zustandes. Ist zunächst $I_E(t)$ die anregende und $I_S(t)$ die gestreute Intensität, dann ist für eine optisch dünne Schicht zur Zeit t⊥

$$I_S(t) = C \int_0^\infty I_E(t-t') \, \Phi(t') \, dt' \quad . \qquad (47)$$

$\Phi(t')$ ist die Funktion, nach der die Resonanzfluoreszenz abklingt, also $\Phi(t') = \Phi(0) \exp(-\frac{t'}{\tau})$, bzw.

$$\frac{\Phi(t')}{\Phi(0)} = \frac{N(t')}{N(0)} = \exp(-\frac{t'}{\tau}) \quad . \qquad (48)$$

C ist eine Konstante, in der die f-Werte, Geometriefaktoren und die Streuwinkel enthalten sind.

Nun sei $I_E(t)$ moduliert gemäß $I_E(t) = A + B \cos \omega t$. Dann ist

$$I_S(t) = C \int_0^\infty \{A + B \cos \omega(t-t')\} \exp(-\frac{t'}{\tau}) \, dt'.$$

Daraus folgt

$$I_S(t) = \tau \cdot C \, \{A + \frac{B}{(1+\omega^2\tau^2)^{1/2}} \cos(\omega t - \Phi)\} \quad , \qquad (49)$$

was bedeutet, daß die fluoreszente Strahlung die gleiche Modulationsform in der Intensität hat wie die anregende Strahlung, nur ist die Phase verzögert um den Winkel Θ. Da $\tan\Theta = \omega\tau = 2\pi\nu_F \cdot \tau$ ist, kann aus der Bestimmung von θ die Lebensdauer τ bestimmt werden. Zur Modulation der anregenden Strahlung hat man eine Kerrzellentechnik (bei Frequenzen von einigen MHz) oder eine Ultraschallmodulation verwendet. Die Streustrahlung wurde mit Multipliern und z.B. einer delay-line gegen die Kerrzellen gemessen. Bei solchen Versuchen wurde z.B. die Lebensdauer des ^{23}Na 3^2P-Zustandes aus θ = 62,1° zu τ = 1,66·10^{-8} ± 0,04 s bestimmt |De 62|.

2.2.2.2. Atomare Lebensdauer-Messungen mit gepulsten Elektronen

Dem Verfahren liegen die Aufzeichnung verzögerter Koinzidenzen zwischen einem die Anregung auslösenden Elektronenstrahlimpuls und der Erfassung der Lichtimpulse zugrunde. Eine ausführliche Darstellung des Verfahrens und vieler Ergebnisse geben Imhof und Reed |oIm 77|. Ein gepulster Elektronenstrahl (z.B. 100 µA bei 20-100 eV) regt die Atome in einer Reaktionskammer an. Der Elektronenimpuls liefert das Startsignal für einen Zeit-Impulshöhen-Konverter (TPC). Die Lichtimpulse aus dem Abklingen der angeregten Zustände werden in einem Monochromator selektiert und mit dem Multiplier registriert. Das im Multiplier entstehende Signal stoppt den Zeit-Impulshöhen-Konverter. Von diesem geht jeweils ein Signal aus zu einem Vielkanalanalysator, das proprotional zur Zeitdifferenz zwischen Start und Stopp ist. Man mißt somit die Verteilung von Abklingzeiten von Einzelanregungen. Der TPC hat einen Ansprechbereich zwischen 15 ns und 1 µs. Mit dieser Methode ist z.B. von Ortiz und Campos |Or 80| der Zerfall des 2p -1s$_2$ (5852 Å)-Übergangs bei Ne I mit τ = 16,3 ± 0,6 ns, oder neuerdings die Lebensdauer der n=4- und =3-Zustände des H-Atoms mit guter Genauigkeit gemessen worden. Die Übereinstimmung dieser Resultate mit Ergebnissen anderer Autoren wird in Tab. I aufgezeigt.

2.2.2.3. Lebensdauer-Messungen aus dem Hanle-Effekt

Der Hanle-Effekt (level crossing bei $H_{außen}$ = 0) ist ein vielfach angewandtes Verfahren zur Bestimmung von Lebensdauern. Das Licht aus einer für die Erzeugung geeigneter Resonanzstrahlung gewählten Lichtquelle: L wird zunächst in der (x,y)-Ebene der schematischen Versuchsanordnung in Fig. 2.20 linear polarisiert und trifft in 0 (Koordinaten-Usprung) auf das Gas einer dort angebrachten Streugaszelle. Im Streugas findet Resonanzabsorption und -emission statt, bei der klassisch keine Streuemission in der y-Richtung stattfinden kann. Nun legt man parallel zur z-Achse eine äußeres magnetische Feld an, in dem die angeregten

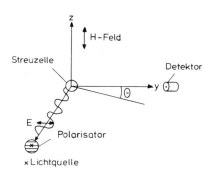

Fig. 2.20. Schematische Anordnung zur Messung des Hanle-Effekts.

Streuatome auf Grund ihres magnetischen Moments eine Larmorpräzession erfahren mit

$$\omega_L = \frac{g_J \cdot \mu_B}{\hbar} \cdot H \qquad (50)$$

Man setzt

$$\frac{\omega_L}{H} = \frac{g_J \cdot \mu_B}{\hbar} = \gamma$$

In der x,y-Ebene sei der Winkel zur y-Achse $\Theta = \omega_L \cdot t$. Die Dipolstrahlung wird in y-Richtung mit einer Intensität $\sim \sin^2 \Theta$ emittiert. Außerdem nimmt die Abstrahlung mit $\exp(-\frac{t}{\tau})$ ab. Wenn kontinuierlich eingestrahlt und emittiert und in y-Richtung beobachtet wird, ist

$$I = c \int_0^\infty \exp(-\frac{t}{\tau}) \sin^2 \omega_L t \, dt = \frac{c}{2\tau} \{1 - \frac{1}{1+(2\gamma \cdot H \cdot \tau)^2}\}^{-1} \quad (51)$$

Moduliert man das H-Feld langsam, erhält man für die Intensität eine Lorentz-Verteilung, deren Halbwertsbreite $= \frac{1}{\gamma \cdot \tau}$ ist. Daraus wird

$$\frac{1}{\tau} = \frac{2g_J \cdot \mu_B}{\hbar} \cdot H_{1/2} \; s^{-1} \; . \tag{52}$$

Diese Formel enthält noch den Landé-Faktor g_J des angeregten Zustandes, der entweder aus anderen Messungen bekannt oder aus Hanle-Effekt-Messungen ermittelt werden kann, sofern wiederum die Lebensdauer aus anderen Messungen vorliegt.

Eine quantentheoretische Behandlung des Effektes führt zur selben Formel für die Halbwertsbreite. Die Methode ist variabel, es können z.B. auch andere Polarisationsebenen gewählt werden. In einem Demonstrationsexperiment mit Hg-Dampf |Ha 73| wurde unter Einstrahlung der Linie 2537 Å (einfach verbotener Übergang $^1S_0 \to {}^3P_1$) aus der Registrierkurve der Fig. 2.21 mit $g_J = 1,474 \pm 0,0016$ τ zu $1,133 \cdot 10^{-7}$ s bestimmt. Die Übereinstimmung mit Ergebnissen aus anderen Untersuchungen ist recht gut.

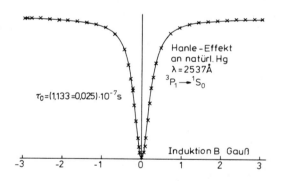

Fig. 2.21. Meßkurve für den Hanle-Effekt an Hg für $\lambda = 2537$ Å, nach |Ha 73|.

2.2.2.4. Koinzidenzmessungen an Kaskaden

In neueren Untersuchungen ist die hochentwickelte Kurzzeit-Koinzidenzmeßtechnik ausgenutzt worden, um Lebensdauern eines Zustandes E_1 dadurch zu bestimmen, daß ein höher liegender Zustand E_2

mit der Frequenz ν_2 auf den Zustand E_1 und dieser dann weiter mit der Frequenz ν_1 zerfällt. Es wird nun die Verzögerung in der Koinzidenz zwischen ν_1 und ν_2 gemessen. Die Photonen $h\nu_1$ und $h\nu_2$ werden gut ausgefiltert und mit schnellen Sekundärelektronenvervielfachern registriert. Die auf diese Weise z.B. bei Kr II und Xe II gemessenen Lebensdauern im Bereich von 8 und 15 ns stimmen gut mit Resultaten anderer Verfahren überein |Kl 66|, |Mo 79|.

2.2.2.5. Beam-Foil-Methode

Dieses zunächst von Bashkin ausgearbeitete Verfahren |x Bas 76|, |oBe 77| stellt eigentlich eine Weiterführung und Verbesserung einer bereits von W. Wien |Wi 19| ausgedachten Methode dar. Wien ließ seinerzeit Atome, die in einer Kanalstrahlröhre angeregt worden waren, mit großer Geschwindigkeit (etwa 10^6 ms^{-1}) durch den Kathodenkanal in eine Vakuumröhre fliegen und registrierte die Intensität der aus dem Strahl emittierten Lichtquanten als Funktion des Abstandes von der Austrittsöffnung. Aus der gemäß

$$N(t) = N_0 \cdot \exp(-\lambda \frac{x}{v}) \quad \text{mit} \quad 1/\tau = \frac{\lambda}{\ln 2} \tag{53}$$

längs des Weges x abnehmenden Intensität (vergl. Fig. 2.22)

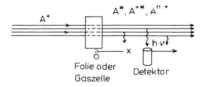

Fig. 2.22. Prinzip der Messung von Lebensdauern angeregter Zustände mit der beam-foil-Methode.

konnte er dann auf die Lebensdauer schließen.

Das von Bashkin benutzte Verfahren geht davon aus, daß auf einige keV oder MeV beschleunigte Ionen, die zunächst mit Hilfe eines Hochspannungsgenerators erzeugt werden, beim Durchgang durch eine

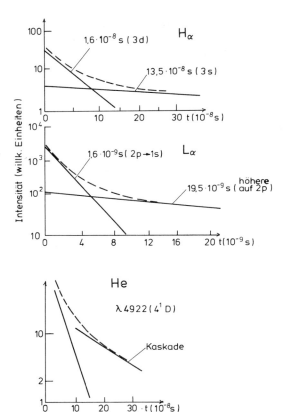

Fig. 2.23. Einige gemessene Abklingkurven für H_α und Lyman α, sowie für He (λ = 4922 Å)

dünne Folie oder auch eine dünne Gasschicht umgeladen, mehrfach ionisiert oder angeregt werden können. So können auch die neutralisierten Teilchen im angeregten Zustand verbleiben. Auch die in der Schicht (foil) vorhandenen Atome können angeregt werden, was aber hier nicht genutzt werden soll. Wie bei den Wienschen Versuchen nutzte Bashkin und Mitarbeiter zunächst die Anregung der Teilchen beim Durchgang durch die Folie aus und registrierte dann die hinter der Folie emittierte Lichtstrahlung gemäß der schematischen Figur 2.22 mit einem Sekundärelektronenvervielfacher in verschiedenen Abständen x von der Folie. Die gesuchte Spektrallinie kann durch Filter oder einen lichtstarken Monochromator separiert werden. Viele Ergebnisse wurden durch Verwendung einer dünnen Kohlenstoff-Folie (≈ 6 µg/cm^2) erzielt. Die Verwendung eines Monitors ist sinnvoll, um die Konstanz der Versuchsbedingungen zu kontrollieren. Von den Resultaten, die die Kenntnisse über die Lebensdauern sehr bereicherten und in vielen Fällen zusätzlich Vergleiche mit theoretisch gewonnenen Resultaten ermöglichten, sollen hier einige exemplarische Meßkurven gezeigt werden. In Fig. 2.23 sind solche für H_α aufgetragen, die dadurch gewonnen wurden, daß H_2-Molekül-Ionen auf 157 keV beschleunigt und dann durch eine Kohlenstoff-Folie geschickt wurden. Hinter der Folie traten Protonen und angeregte H-Atome (in 3s-, 3d-, 4s-, 4p- und 4d-Zuständen) mit bekannter Geschwindigkeit auf |Go 66|. Die Figur enthält weiterhin Messungen über das Abklingen der Lyman-α-Strahlung und eines He-Übergangs |Chu 68|.

Eine Tabelle soll exemplarisch mit einigen Zahlenwerten für H, He und Hg den Bereich für vielfach auftretende Lebensdauern von ca. 10^{-8} s und auch die gute Übereinstimmung der Ergebnisse verschiedener Verfahren aufzeigen.

Tabelle I

Tabelle gemessener Lebensdauern angeregter Zustände mit erlaubter Dipolstrahlung (in 10^{-9} s).

		exp.	Methode	berechnet nach
H-Atom				$\|x\ Co\ 63\|$
L_α	2p	1,6	beam-foil	1,6
L_β	3p	5,5	" "	5,27
H_α	3s	135	" "	160
		170	gepulst. El.	
	3d	16	beam-foil	15
		15	gepulst. El.	
H_β	4s	186	beam foil	150
		220	gepulst. El.	
	4p	14,6	beam foil	12,4
		12	gepulst. El.	
	4d	37,7	beam foil	36,5
		37	gepulst. El.	
HeI	3^1P	74	Phasenversch.	72-75
	3^3P	115	"	83-118
	3^3D	10	"	13-15
	4^3S	67,5	"	60-100
	4^3P	153	"	127-138
	3^3P	111	gepulst. El.	
	3^3D	15	"	
	4^1D	35	"	
	4^3D	32	"	
	4^1D	36	Laufzeit	
	4^1F	67	"	
	5^1F	142	"	
	3^1S	54	verzög. Koinz.	
Hg	6^3P	113,3	Hanle-Effekt	
		120	e-Photon-Verzög.	
		120	Photon-Photon-Verzög.	

2.3. Ionisation durch Elektronenstoß

2.3.1. Wirkungsquerschnitt und Energieabhängigkeit

Die Ionisation von Atomen und Molekülen durch Elektronenstoß ist ein Prozess, der für die Vorgänge in Gasentladungen, in Plasmen und in der hohen Atomsphäre von besonderer Bedeutung ist. Daher ist es wichtig, die Ionisierungsschwelle (Ionisierungsenergie), den Wirkungsquerschnitt und seine Abhängigkeit von der Elektronenenergie zu bestimmen. Für die Kenntnis des Elementarprozesses ist es ferner notwendig, das Verhalten (Energie und Winkelverteilung) der beim Ionisationsprozess wegfliegenden Elektronen zu untersuchen. Der einfachste Prozess ist die Entstehung des einfach geladenen Ions, wobei sich das Ion im Grundzustand befindet: $e + A \to A^+ + 2e$. Es ist ein Prozess, der in *einem* Schritt in einer sehr kurzen Zeit ($\approx 10^{-16}$ s) abläuft. Die Meßverfahren zur Bestimmung *absoluter* Wirkungsquerschnitte sind recht aufwendig, sodaß ältere Messungen oft zu unterschiedlichen Resultaten führten. Die Kurven für die Energieabhängigkeit des Wirkungsquerschnitts sind für die Bildung einfacher Ionen aus Atomen oder Molekülen, für die Bildung mehrfach geladener Ionen und für die Ionisierung von Ionen von der gleichen Form, wie sie schematisch in Fig. 2.24 dargestellt ist.

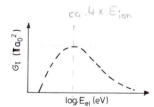

Fig. 2.24. Energieabhängigkeit des Ionisierungsquerschnitts für Elektronenstoß, erwarteter Verlauf.

Der Prozess setzt ein, wenn das Elektron die für die Ionisation erforderliche Energie E_{ion} mitbringt. Höhere Stoßenergien werden auf das stoßende und das abgelöste Elektron unter gleichzeitiger Beachtung der Rückstoßenergie für das Ion in einer komplizierten Weise aufgeteilt, über die Koinzidenzmessungen unter verschiedenen Winkeln Hinweise geben können. Die Ionisierungswahrscheinlichkeit steigt oberhalb der Schwelle zunächst steil an und erreicht ein Maximum bei etwa 4x E_{ion}, um zu größeren Energien hin allmählich wieder abzufallen. Die Wirkungsquerschnitte werden vielfach in Einheiten $\pi \cdot a_0^2$ angegeben und liegen im allgemeinen bei etwa 10^{-16} cm^2 (im Maximum). Zahlreiche Resultate sind tabelliert oder graphisch zusammengestellt, z.B. bei (|oKi 66|,|oKi 70|. Beispiele für einige gut bekannte Kurven für Einfach-Ionisation zeigt die Fig. 2.25.

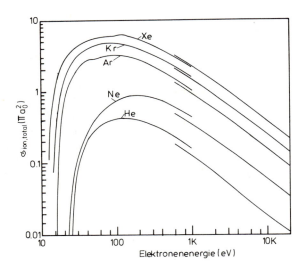

Fig. 2.25. Energieabhängigkeit der Ionisierungsquerschnitte für Elektronenstoß bei den Edelgasen, nach |oKi 66| und |oKi 70|.

Als Beispiel für Mehrfachionisation zeigt Fig. 2.26 die Meßergebnisse für das Mg.

Die theoretische Behandlung des Problems erwies sich als schwierig. Klassische Berechnungen gehen bereits auf Thomson im Jahre 1912 zurück. Er betrachtete den Stoß zwischen freien Elektronen, eines mit der anfänglichen kinetischen Energie E_{el} und das andere

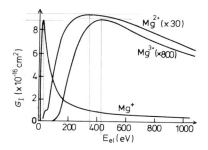

Fig. 2.26. Wirkungsquerschnitte für Mehrfachionisation durch Elektronenstoß bei Mg, nach |Ok 70|.

in Ruhe. Ist E_{ion} die Ionisierungsenergie, n die Zahl der Atomelektronen, bzw. der Elektronen in der äußeren Schale, $E_{ion,H}$ die Ionisierungsenergie des H-Atoms, so läßt sich der klassische Wirkungsquerschnitt beschreiben durch (s. Seaton in |oSea 62|)

$$\sigma_{el} = 4 \cdot n \left(\frac{E_{ion,H}}{E_{ion}} \right) \cdot \left(\frac{E_{ion}}{E_{el}} \right) \cdot \left(1 - \frac{E_{ion}}{E_{el}} \right) \cdot \pi a_0^2 \qquad (54)$$

a_0 ist wieder der Bohrsche Radius = $\frac{4\pi\varepsilon_0 \hbar}{m_{el} \cdot e^2}$ = $5,29 \cdot 10^{-11}$ m. Der Vergleich mit den experimentellen Werten zeigt, daß die klassische Theorie die Größenordnung von σ_{ion} liefert. Bei niedrigen Energien sind die Werte zu hoch, bei höheren Energien nimmt $\frac{\sigma_{exp}}{\sigma_{el}}$ mit log E_{el} zu.

Auch die mit Hilfe der Quantentheorie mit Born'scher Näherung errechneten Ionsierungswahrscheinlichkeiten zeigten zunächst nur bei höheren Energien gute Übereinstimmung mit den Meßresultaten, während bei kleineren Energien noch merkliche Abweichungen bestehen, wie Fig. 2.27 für das H-Atom zeigt.

Die Ionisation von Alkaliatomen ist ebenfalls besonders ausführlich sowohl experimentell als auch theoretisch (wieder mit Born' scher Näherung) untersucht worden. Auch hier ist die Übereinstimmung der experimentellen und errechneten Resultate noch nicht recht befriedigend |oMcDo 69|. Eine gründliche Darstellung der

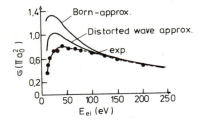

Fig. 2.27. Ionisierungsquerschnitte bei Elektronenstoß für das H-Atom und Vergleich mit Berechnungen, nach |oSea 62|.

quantenmechanischen Rechnungen, die dann auch in Zusammenhang mit Berechnungen des Wirkungsquerschnitts für die Anregung stehen, findet man bei Massey und Burhop |x Mas 69|, Seaton |oSea 62|, sowie bei Hasted |x Has 64| und Rudge |oRu 69|.

Die Wirkungsquerschnitte für höhere Ionisationen nehmen mit dem Ionisationsgrad rasch ab (s. Fig. 2.26). Solche für die Ionisierung von einfachen Ionen (zu zweifach geladenen Ionen) liegen bei etwa 10^{-17} cm² im Maximum. Fig. 2.28 zeigt hierzu Beispiele für He^+ und N^+.

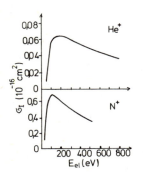

Fig. 2.28. Ionisierungsquerschnitte bei Elektronenstoß für einfach geladene Ionen (He^+ und N^+).

2.3.1.1. Schwellenverhalten

Zur genauen Ermittlung der Ionisierungsenergie aus der Einsatzschwelle für das Auftreten der positiven Ionen ist wichtig, den Verlauf des Anstiegs der Ionisierungskurve knapp oberhalb der Schwelle zu kennen. Nach einer Theorie von Geltmann |Ge 56| ist dort

$$\sigma(E) = \text{konst.} (E - E_{ion})^{n-1} \quad , \qquad (55)$$

wobei n die Zahl der auslaufenden Elektronen ist. Für einfache Ionisation ist demnach im Schwellenbereich

$$\sigma(E) \sim (E - E_{ion}) \quad . \qquad (56)$$

Eine etwas andere Berechnung gibt Wannier |Wa 53| an, die er auch durch Messungen stützt. Er findet

$$\sigma(E) = \text{konst.} (E - E_{ion})^{1,127} \quad . \qquad (57)$$

Die experimentellen Probleme und zahlreiche Ergebnisse über die Bestimmung von Ionisierungsenergien aus Schwellenwertuntersuchungen sind z.B. bei Rosenstock |Ro 76| zusammengestellt worden. Die Schwierigkeiten vieler älterer, meist mit Massenspektrometern durchgeführter Messungen liegt darin, daß die Elektronen wegen ihrer zusätzlichen thermischen Energie eine noch zu breite Energieverteilung aufwiesen, was die Ermittlung des Schwellenwertes erschwerte. Aber schon die älteren Messungen ließen die Feinstrukturzustände erkennen. Ein Beispiel liefert die Fig. 2.29 für das Kr.

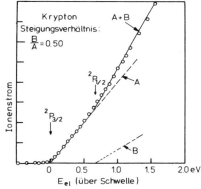

Fig. 2.29. Ionisierung durch Elektronenstoß im Bereich der Schwelle bei Kr, nach |Fo 61|.

Die in den 70er Jahren erneut aufgeriffenen Untersuchungen der Anregungsschwellen für Ionisation bei den Atomen durch Elektronenstoß und die dabei auftretenden Strukturen nutzten die inzwischen erheblich durch Elektronenmonochromatoren verbesserten Meßbedingungen aus. Dadurch konnten die Verhältnisse mit einer Energieauflösung von besser als 100 meV gemessen werden. Hierzu sei z.B. auf die Arbeiten von Kleinpoppen und Mitarbeiter |Rai 74| über die Edelgase hingewiesen.

2.3.2. Differentieller Wirkungsquerschnitt für Ionisation durch Elektronenstoß

Obwohl schon viele Messungen über die Ionisation durch Elektronenstoß durchgeführt worden waren, hat es sich lange als schwierig erwiesen, zu genaueren Kenntnissen über den Prozessablauf vorzudringen. Diese, sowie genaue Werte über den absoluten und den differentiellen Wirkungsquerschnitt sind aber für viele Bereich der Atom- und der Plasmaphysik notwendig. Zunächst wird man sich auf einfache Fälle, wie z.B. die Ionisation eines Atoms aus seinem Grundzustand in den Grundzustand des Ions beschränken müssen, um die experimentellen Anforderungen noch in Grenzen zu halten. Auch kann die Theorie für diese Prozesse zur Zeit noch nur beschränkte Aussagen machen, da es sich offensichtlich um rechnerisch schwer zu erfassende Vorgänge handelt. Bereits der einfache Prozess der Ionisation des H-Atoms aus dem Grundzustand ist ein Dreikörperproblem. Für weitere theoretische Überlegungen sind daher genauere Messungen hilfreich und dringend erforderlich. Dabei handelt es sich vor allem um zweifach- und dreifach-Koinzidenz-Experimente, wie noch zu beschreiben ist. Solche sind in den letzten 10-15 Jahren vor allem an den Edelgasen im Energiebereich von der Ionisierungsschwelle bis zu etwa 2000 eV durchgeführt worden. Eine Darstellung der Aufgabe, der schwierigen technischen Probleme und eine Reihe von Meßresultaten gibt z.B. Ehrhardt |oEh 72|, eine solche der theoretischen Aspekte McCarthy und Weigold |oMcCa 76|, eine umfangreiche Zusammenstellung vieler Meßergebnisse Kieffer |oKie 71|.

2.3.2.1. Zur Kinematik des Ionisationsprozesses

Wenn die ursprüngliche Energie des stoßenden Elektrons E_o die

Ionisierungsenergie E_{ion} übersteigt, können 2 Elektronen mit der Energie E_a und E_b den Stoßbereich verlassen mit Streuwinkeln θ_a und $\theta_b{}^*$, relativ zur Richtung des stoßenden Elektrons. Das gebildete Ion kann auch etwas Energie aufnehmen. Die Bahnen des stoßenden und der beiden wegfliegenden Elektronen brauchen daher nicht in einer Ebene zu liegen. Sind $\vec{k}_o$, $\vec{k}_a$ und $\vec{k}_b$ die Impulse der Elektronen mit den Energien E_o, E_a und E_b, und ist ϕ_b der

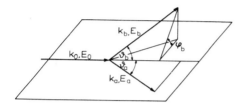

Fig. 2.30. Kinematik des Ionisierungsprozesses bei Elektronenstoß.

* Für die Zeichen φ und ϑ in den Figuren 2.30 und 2.33 sind im Text die Zeichen ϕ und θ verwendet worden.

Winkel zwischen den Ebenen $(\vec{k}_o, \vec{k}_a)$ und $(\vec{k}_o, \vec{k}_b)$, so entsteht das Diagramm der Fig. 2.30.

E_o verteilt sich folgendermaßen:

$$E_o = E_a + E_b + E_{ion} - E_{ex,i} + E_{ex,f} \quad , \tag{58}$$

dabei sind $E_{ex,i}$ und $E_{ex,f}$ die Anregungsenergien des Atoms vor und des Ions nach dem Stoß. Der einfachste Fall ist daher

$$E_o = E_a + E_b + E_{ion} \quad , \tag{59}$$

d.h. $E_o - E_{ion}$ wird aufgeteilt in E_a und E_b.

2.3.2.2. Koinzidenztechnik und -messungen

Die umfassendste Information erhält man aus der Messung des dreifach-differentiellen Wirkungsquerschnitts

$$\frac{d^3\sigma}{dE d\Omega_a d\Omega_b} = f_3(E_o, E_a, \theta_a, \theta_b, \phi_b) \quad , \tag{60}$$

wobei statt E_a auch E_b erfaßt werden kann. Werden sowohl E_a als auch E_b nebst E_o gemessen, kann auch E_{ion}, d.h. die Art des Ionisationszustandes ermittelt werden. Bei einer dreifach-Koinzidenz müssen für die Einzelprozesse die Energie und die Winkel der wegfliegenden Elektronen zu einer gewählten Stoßenergie bestimmt werden. Es ist verständlich, daß solche Messungen außerordentlich hohe Anforderungen an die Meßtechnik stellen. Zunächst ist für die Festlegung der Energie E_o die Verwendung eines Elektronen-Monochromators, z.b. eines elektrostatischen 127°-Monochromators erforderlich. Eine hohe Energieauflösung bringt schon hier eine Beschränkung der Intensität mit sich. Die Elektronen stoßen auf das Gas (z.B. Edelgas) in einer geeigneten Stoßkammer bei Drücken von 10^{-3} bis 10^{-2} mbar. Die wegfliegenden Elektronen müssen in Koinzidenz gemessen werden. Beide durchfliegen nach genauer Betrachtung der erfaßten Raumwinkel wieder besondere Energieanalysatoren und werden schließlich z.b. mit je einem Channeltron registriert. Der Energieauslösung und der Größe der zugelassenen Raumwinkel sind verständlicherweise Grenzen gesetzt durch die schließlich nur noch sehr beschränkten Zählraten, bei Beachtung der konstanten Betriebsbedingungen der gesamten Apparatur. Die Geräteteile zur Messung der beiden wegfliegenden Elektronen müssen noch in einer Ebene um das Streuzentrum schwenkbar sein, bzw. es muß wenigstens ein Detektor schwenkbar sein, nachdem der zweite in eine feste gewünschte Winkelposition gebracht wurde.

Zur Messung von dreifach-Koinzidenzen $d^3\sigma$ kann man z.B. bei jeweils fester Wahl von E_o und E_a (damit auch E_b) sowie von θ_a und ϕ_b die Abhängigkeit der Intensität von θ_b messen. Oder man kann bei festen Winkel E_o, E_a und E_b verändern, bzw. bei festem E_o die Verteilung der Werte von E_a und E_b aufnehmen.

Eine etwas einfachere Messung liefert den zweifach-differentiellen Wirkungsquerschnitt

$$\frac{d^2\sigma}{dEd\Omega} = f_2(E_o, E, \theta) = d\Omega_b \, f_3(E_o, E, \theta, \theta_b, \phi_b) \quad . \tag{61}$$

Hier werden Energie und Streuwinkel *eines* der wegfliegenden Elektronen ohne Beachtung der Daten des zweiten Elektrons registriert (d.h. Integration von $d^3\Omega$ über alle Winkel θ_b und ϕ_b). Zur Messung wird z.B. einer der Parameter E_o, E, θ variiert, während die beiden anderen fest gewählt werden.

Auch der einfach-differentielle Wirkungsquerschnitt

$$\frac{d\sigma}{dE} = f_1(E_o,E) = \int d\Omega f_2(E_o,E,\theta) \qquad (62)$$

ist von Bedeutung. Er gibt die über alle Winkel integrierte Energieverteilung der beiden Elektronen wieder.

2.3.2.3. Meßergebnisse

Aus den Messungen des zweifach-differentiellen Wirkungsquerschnitts ergibt sich für das Energie-Verlust-Spektrum $\frac{d\sigma}{dE}$ in Übereinstimmung mit der Theorie ein Verlauf gemäß Fig. 2.31.

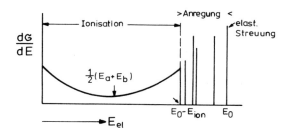

Fig. 2.31. Erwartetes Energieverlustspektrum für Ionisation durch Elektronenstoß bei Messung des zweifach-differentiellen Wirkungsquerschnitts, nach |oEh 72|.

$\frac{d\sigma}{dE}$ zeigt, insbesondere bei höheren Werten von E_o, Maxima nahe den Werten für E bei Null und bei E_o-E_{ion} mit einem Minimum bei $\frac{1}{2} \cdot (E_a + E_b)$.

Ein signifikantes Meßresultat einer zweifach-Koinzidenz-Messung an He bei E_o = 256,5 eV und gewählten Energien von E zwischen 1,5 eV bis 35 eV zeigt die Fig. 2.32 nach Messungen von |oEh 72|.

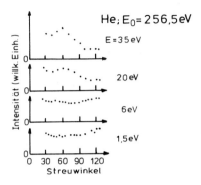

Fig. 2.32. Zweifach-Koinzidenz-Messungen an He; Stoßenergie E_o, Energie eines wegfliegenden Elektrons E, nach |oEh 72|.

Aus diesen Messungen lassen sich folgende Aussagen machen:

1. Je höher die Energie der gestreuten Elektronen ist, desto stärker bevorzugen sie die Vorwärtsrichtung.
2. Die Winkelverteilung der sehr energiearmen Elektronen ist fast isotrop.
3. Die Winkelverteilung der Elektronen mittlerer Energie zeigt oft Maxima bei etwa 60°.
4. Die Energieverteilungen auf E_a und E_b zeigen 2 Intensitätsmaxima (s.o.), eines bei $E_o - E_{ion}$ und eines bei fast Energie Null eV. Bei $\frac{1}{2}(E_o - E_{ion})$ tritt ein Minimum auf.

Die Apparaturen und die Meßtechnik für dreifach-Koinzidenzen sind in den letzten 10 Jahren noch verbessert worden, sodaß mehrere ausgezeichnete Studien an Edelgasen vorliegen. Die Fig. 2.33 zeigt Resultate an He |oEh 72|. Die Intensitäten sind hier in einem Polardiagramm aufgezeichnet. Die jeweiligen Radiusvektoren sind ein Maß für die Intensität. Aus früheren Messungen ging hervor, daß für mittlere und höhere Energien E_o die meisten Ereignisse so ablaufen, daß eines der auslaufenden Elektronen viel Energie E_a besitzt und in einen engen Konus mit θ_a relativ zum ankommenden Elektron gestreut wird, während das andere aus-

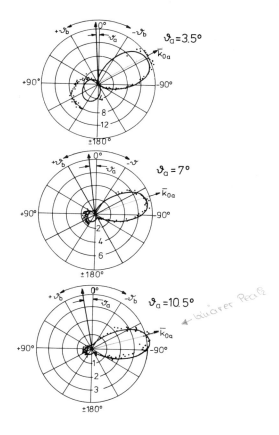

Fig. 2.33. Exemplarische dreifach-Koinzidenz-Messungen an He; E_o = 500 eV, E_a = 465,5 eV, E_b = 10 eV, nach |oEh 72|. (s.Anm. zu Fig. 2.30).

laufende Elektron wenig Energie E_b erhält und in einen großen Winkel θ_b gestreut wird. Dem wurde bei der hier gezeigten Messung Rechnung getragen. Und zwar wurde E_o fest zu 500 eV und E_b = 10 eV, bzw. E_a = 465,5 eV gewählt. Der Winkel θ_a diente als Parameter (zwischen 3,5° und 10,5°) in jeweils fester Einstellung. Dann konnte die Abhängigkeit der Intensität an langsamen Elektronen (rechte Seite des Diagramms) von θ_b in einem großen Bereich gemessen werden. Die zum jeweils genannten Winkel θ_a angezeigte Richtung (Pfeil) gibt die Richtung der schnellen Elektronen mit E_a an. Man erkennt in der Figur eine Verteilung der ausgestoßenen Elektronen mit einem Maximum in einer Richtung, die gegeben ist durch die Richtung des übertragenen Impulses $\vec{k}_{oa} = \vec{k}_o - \vec{k}_a$. Man nennt diese Intensitätsverteilung den "binären peak" und ordnet ihn einer e-e-Wechselwirkung während des Stoßes (binärer Stoß) zu. Das sogenannte Rückstoß-Maximum findet man hier auf der linken Halbebene. Es kann qualitativ aus dem Impulsübertrag auf das Ion erklärt werden |Eh 82|. Offensichtlich wandert das Maximum des binären Stoßes zu größeren θ_b, wenn man θ_a vergrößert. In der Figur sind (ausgezogene Kurven) für He berechnete Intensitätsverteilungen (aus vergleichbaren Verhältnissen für Stöße auf H-Atome abgeleitet) mit eingetragen, die eine gute Übereinstimmung mit den Meßwerten aufweisen. Die Theorie dieser Vorgänge bei anderen Gasen muß noch weiter entwickelt werden, gefördert durch weitere experimentelle Ergebnisse (z.B. an Ar |Ho 78|, |Win 79|.

Während man sich bei früheren Untersuchungen oft mit der Bestimmung relativer Intensitätsverläufe begnügte, zielen neuere Untersuchungen darauf ab, auch absolute Wirkungsquerschnitte der zweifach- und dreifach-differentiellen Koinzidenzen zu bestimmen, was an die experimentelle Technik zusätzliche Anforderungen stellt, aber andererseits für den Vergleich mit den theoretischen Ergebnissen wertvoll ist. Dabei macht man, vor allem zur Bestimmung aller Parameter der Apparatur, von einem Vergleich mit den bekannten Wirkungsquerschnitten für die elastische Elektronenstreuung bei gleichen experimentellen Eingangswerten Gebrauch. Einzelheiten müssen der Speziallitertur entnommen werden, in der auch der Bezug zu den theoretischen Resultaten betrachtet wird |oEh 72|, |Eh 82|, |Win 79|.

2.3.3. Stöße schneller Elektronen auf atomare Gase

2.3.3.1. Anregung von Röntgen-K-Strahlung

In den Energiebereichen zwischen etwa 10 eV und 1 keV sind Anregung und Ionisation die vorherrschenden Prozesse. Die Wirkungsquerschnitte nehmen mit wachsender Energie ab. Sprünge in den

Wirkungsquerschnitten weisen aber auf die Anregung höherer Energiezustände, vor allem in tiefer liegenden Schalen hin. Ein so entstandener freier Platz etwa in der K-Schale eines Atoms kann entweder in Verbindung mit der Emission charakteristischer Röntgenstrahlung oder durch einen strahlungslosen Übergang, in welchem ein Auger-Elektron emittiert wird, wieder aufgefüllt werden. Als Fluoreszenzausbeute ω_K definiert man die Wahrscheinlichkeit, daß der Vorgang zur Emission von K-Strahlung führt.

Den Messungen der Röntgenfluoreszenz-Strahlung liegt vielfach eine schematisch in Fig. 2.34 gezeigte Anordnung zugrunde. Ein für die Experimente wichtiger Bestandteil ist die Vorrichtung zur quantitativen Messung der charakteristischen Röntgenstrahlung. Hier finden vorzugsweise, je nach der Energie der Röntgenquanten, Proportionalzähler oder Si-Halbleiterzähler Verwendung.

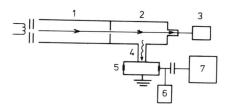

Fig. 2.34. Schematische Anordnung zu Messung der charakteristischen Röntgenstrahlung bei Elektronenstoß, nach |Ta 73|.
 1 Elektronenstrahl
 2 Stoßkammer
 3 Strommessung
 4 Röntgenstrahlung
 5 Proportionalzähler
 6 Zählerspannung
 7 Verstärker mit Impulshöhenanalysator

Löcher in der K-Schale können durch Stöße mit Elektronen, Photonen oder schweren Ionen herbeigeführt werden. Die Frage ist nun, wie die Emission von Röntgen-K-Strahlung, bzw. der Auger-Elektronen von der Ordnungszahl des getroffenen Atoms und von der Stoßenergie abhängt. Die früheren Untersuchungen sind häufig mit Röntgenstrahlen durchgeführt worden, deren Energie größer als die Bindungsenergie des Elektrons in der K-Schale sein mußte. Diese Methode konnte zu recht guten Werten über die Energieabhängigkeit und die Fluoreszenzausbeute führen. Sie ist neuerdings durch die Verwendung von Röntgenstrahlen aus der Synchrotronstrahlung noch sehr viel genauer geworden.

Im vorliegenden Abschnitt sollen die Verhältnisse bei Elektronenstoß betrachtet werden. Es ist sowohl die entstehende K-Strahlung als auch die Emission der Auger-Elektronen gemessen worden. Für die Registrierung der Röntgenquanten werden vielfach Gas-Proportionalzähler, in geeigneten Fällen auch Halbleiterzähler oder Multiplier verwendet.

Der Wirkungsquerschnitt für die Entstehung einer Leerstelle in der K-Schale ist von der Größenordnung 10^{-21} cm^2 pro Atom. Er nimmt aber mit steigender Ordnungszahl ab. Ein empirisches Gesetz gibt einen Zusammenhang zwischen dem Wirkungsquerschnitt σ_K und der Bindungsenergie des Elektrons in der K-Schale U_K an:

$$\sigma_K \cdot U_K^2 = \text{konst.} \qquad |\text{oVr 69}| \qquad . \qquad (63)$$

Fig. 2.35 zeigt ein typisches Meßergebnis für Kohlenstoffatome. Dabei wurden die von Elektronen in CH$_4$ ausgelöste C-K-Strahlung registriert. Der Verlauf der Energieabhängigkeit von σ_K für Elektronenstoß ist offenbar für leichte Atome von der gleichen Art. Die Fig. 2.36 zeigt dies in einer Kurve, in der aus Resultaten mehrerer Autoren, sowie aus theoretischen Betrachtungen die rela-

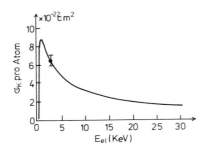

Fig. 2.35. Anregung von Röntgen-K-Strahlung bei Kohlenstoff durch Elektronenstoß, nach |Ta 73|.

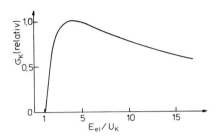

Fig. 2.36. Vergleich relativer Wirkungsquerschnitte für die Anregung von Röntgen-K-Strahlung durch Elektronenstoß bei niedrigen Elementen nach |Ta 73|.

tiven Wirkungsquerschnitte für C, N, O, Ne, Ar zusammengestellt sind. Die Energien sind in Einheiten von E/U_K aufgetragen und die Werte für σ_K bei der Energie $4 \cdot U_K$ auf die Einheit normiert worden. Die hier gezeigten Resultate sind auch befriedigend in Einklang mit Messungen der Auger-Elektronen-Ausbeute. Mit wachsender Energie nimmt σ_K für die Ionisierung in der K-Schale immer mehr ab. Allgemein läßt sich eine Beziehung aufstellen von der Form

$$\sigma_K = \frac{A}{E_{el}} \ln c \cdot E_{el} \quad , \tag{64}$$

wobei A und c Konstanten sind |Dra 61|.

Mehrere neuere Arbeiten befaßten sich vornehmlich mit der Berechnung des Wirkungsquerschnitts für die K-Schalen-Ionisation. Die Übereinstimmung mit den experimentellen Werten ist gut. Bei höheren Elektronenenergien sind relativistische Rechnungen erforderlich. Ein Meßergebnis von Messungen bei schwereren Atomen und mit höheren Elektronenenergien zeigt die Fig. 2.37 für Ag und Au. Eine Zusammenfassung theoretischer Ergebnisse findet man bei Madison und Merzbacher |x Cra 75|.

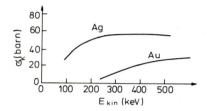

Fig. 2.37. Anregung von Röntgen-K-Strahlung durch Elektronenstoß bei Ag und Au, nach |Han 66|.

2.3.3.2 Fluoreszenzausbeute

Man nahm zunächst an, daß die Fluoreszenzausbeute ω_K praktisch unabhängig ist von der Art der Erzeugung der K-Schalen-Leerstelle. Neuere Resultate scheinen allerdings für Stöße mit schwereren Ionen und höhere Energien auf eine Zunahme von ω_K hinzuweisen. Bei Elektronen und Protonen ist aber kein Unterschied in den gemessenen Werten für ω_K festgestellt worden. Die Resultate ergeben sich aus dem Vergleich der Messungen der emittierten K-Strahlung und der Auger-Elektronen, die zusammen dann die Werte für die Ionisation der K-Schale festlegen. Es zeigte sich, daß die Fluoreszenzausbeute stark von der Ordnungszahl der Atome abhängt. Bei kleinen Z ist ω_K klein, sodaß die Meßwerte verschiedener Autoren noch merkliche Unterschiede aufweisen.

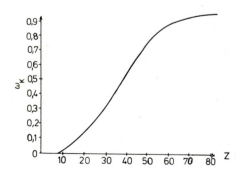

Fig. 2.38. Röntgenfluoreszenzausbeute für K-Strahlung ω_K als Funktion von Z, nach |oFi 66|.

Eine Zusammenstellung zahlreicher Meßresultate und der theoretischen Aussagen liefern Fink und Mitarbeiter |oFi 66|. Fig. 2.38 zeigt eine Kurve für ω_K als Funktion von Z.

Die Auswertung der Meßresultate erwies sich als schwierig, da auch die Theorie keine einheitliche, für den gesamten Z-Bereich gültige Formel liefern konnte. Nach Wentzel und Burhop |x Bur 52| gilt näherungsweise

$$\frac{\omega_K}{1-\omega_K} = \frac{Z}{A} \text{ mit } A = \begin{matrix} 9 \cdot 10^5 & Z < 10 \\ 1,19 \cdot 10^6 & 10 < Z < 18 \\ 1,27 \cdot 10^6 & Z > 18 \end{matrix} \tag{65}$$

während für höhere Z die Formel

$$\frac{\omega_K}{1-\omega_K} = 0,862 \cdot 10^{-5} \cdot Z^{3,36} \quad |\text{By 70}| \tag{66}$$

eine gute Anpassung liefert.

Die Aussagen über die Fluoreszenzausbeute aus der L-Schale erwiesen sich als noch erheblich schwieriger, da z.B. auch die Energiestrukturierung der L-Schale berücksichtigt werden muß. Es soll daher mit der Fig. 2.39 nur gezeigt werden, welche Werte für ω_L erwartet werden können.

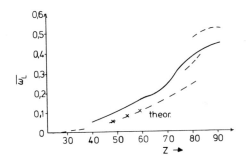

Fig. 2.39. Röntgenfluoreszenzausbeute für L-Strahlung ω_L als Funktion von Z, nach |oFi 66|

2.3.4. Ionisation und Energieverlust von Elektronen höherer Energie beim Durchgang durch Gase

Beim Durchgang durch dichte Gase verlieren Elektronen höherer Energie ($\lesssim$ 100 keV) allmählich Energie durch zahlreiche unelastische Stöße mit Atom-Elektronen. Die bei jedem Stoß abgegebene Energie ist nur klein, man kann aber die mittleren Energieverluste über eine größere Zahl von Stößen betrachten. Ionisation der Gasteilchen ist dabei weniger häufig als ihre Anregung. Die Theorie für die Abbremsung geladener Teilchen beim Durchgang durch Materie wurde von Bethe |x Be 33| und speziell für Elektronen von Møller |Mø 32| entwickelt. Als Ergebnis wird in der Literatur vielfach der Energieverlust pro cm Wegstrecke in einem Gas mit N Atomen/cm^3 bei einer Geschwindigkeit v der Elektronen in MeV/cm angegeben. In diesem Zusammenhang wird dafür ein Wirkungsquerschnitt für die Bremsung eines Elektrons pro Atom (mit Z Elektronen) durchlaufener Materie definiert. Er kann angesehen werden als ein Maß für die Wahrscheinlichkeit, daß das Elektron Z mal die Energie von 1 eV pro Atom verliert. Aus der Theorie findet man hierfür

$$\sigma_{e,br} = \frac{Z \cdot e^4}{4\pi\varepsilon_0 m_{el} v^2} \cdot \ln \frac{2m_{el} v}{I} \quad , \tag{67}$$

m_{el} ist die Elektronenmasse, I ein mittleres Anregungspotential. Dieser Wirkungsquerschnitt kann z.B. in Einheiten von eV·cm^2 ausgedrückt werden. Das Bremsvermögen der Materie, d.h. der Energieverlust der Elektronen pro Weglänge (1 cm) ist dann

$$\frac{dE}{dx} = N \cdot \sigma_{e,br} \quad \text{in MeV/cm} \quad . \tag{68}$$

Fig. 2.40 zeigt den Energieverlust von Elektronen in Luft von 1 atm in MeV/cm an.

In Zusammenhang mit diesen Betrachtung steht die Aussage über die pro gebildetem Ionenpaar verbrauchte mittlere Energie in eV für schnelle Elektronen:

Gas	Luft	H_2	N_2	O_2	He	Ar	CO_2	
	34	38	35,8	32	42,3	27	32,9	eV

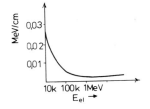

Fig. 2.40. Mittlerer Energieverlust schneller Elektronen beim Durchgang durch Luft von 1 atm als Funktion der kinetischen Energie, in MeV/cm.

2.3.5. Autoionisation

Bei der Anregung von Atomen kann man zunächst erwarten, daß je nach dem Betrag an zugeführter Energie Rydberg-Serien von Spektrallinien, die von diskreten Energiezuständen *eines* Elektrons herrühren, auftreten. Es könnten aber doch auch 2 oder mehr Elektronen in höhere Zustände gebracht werden. In der Tat findet man bei Atomen mit mehreren äußeren Elektronen viel komplexere Spektren, die auf eine solche gleichzeitige Anregung mehrerer Elektronen hinweisen |x Ku 64|. Diese Erscheinung kann man am ehesten an Atomen mit 2 äußeren Elektronen, wie z.B. He, Ca, Ba, Hg u.a. erkennen. Sie soll am einfachsten System mit 2 Elektronen, dem He, betrachtet werden |oBi 63|. Der Grundzustand des He ist ein $(1s)^2$ ^{1}S-Zustand. Durch die Anregung *eines* Elektrons, während das andere im 1s-Zustand verbleibt, entsteht die bekannte Konfiguration angeregter Zustände, z.B. (1s np) oder (1s ns), wobei n > 2 ist. Die Energieabstände zwischen aufeinderfolgenden angeregten Zuständen nehmen mit höheren Quantenzahlen immer mehr ab bis zu einem Energiekontinuum, dessen untere Grenze die Ionisierungsenergie des (1s) He ist (24,586 eV). Es gibt jedoch weitere Serien angeregter diskreter Zustände, die beim He weit oberhalb dieser Grenze liegen, bei anderen Atomen, wie z.B. dem Ca ebenfalls noch weit in den Bereich oberhalb der einfachen Ionisierungsgrenze reichen. Sie sind auf die Anregung auch des zweiten Elektrons zurückzuführen, z.B. bei He von n = 2 des ersten Elektrons ausgehend, während das andere Elektron höhere Zustände besetzt, wieder bis zu einer Seriengrenze. Wie aus der Fig. 2.41 ersichtlich ist, kann bei He^+ mit n = 2 eine Ionisierungsgrenze bei etwa 65 eV als Untergrenze eines weiteren Kontinuums erreicht werden. Aus einem solchen diskreten höheren (doppelt angeregten)

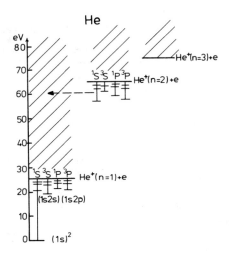

Fig. 2.41. Energieschema für das He-Atom und das He-Ion mit Energiekontinuum zur Beschreibung der Autoionisation.

Zustand kann, wenn allgemein die Summe der Anregungsenergien > E_{ion} ist, von selbst strahlungslos ein Übergang in das Kontinuum, das zum ersten Ionisierungszustand gehört, erfolgen mit Emission eines Elektrons aus dem Kontinuum, als Folge einer Wechselwirkung zwischen einem diskreten Zustand und dem Zustandskontinuum |z.B. Co 77|.

$$A^* \text{ (diskret)} \rightarrow A^+ + \text{Elektron (Kontinuum)} \quad . \tag{69}$$

Da die Wechselwirkung einen diskreten Zustand und ein Kontinuum von Zuständen betrifft, kommt es zu einer Energieverbreiterung des ursprünglich diskreten Zustandes. Und dies führt zu einer Linienverbreiterung im atomaren Absorptionsspektrum. Dies ist demnach ein Hinweis auf das Auftreten von *Autoionisation*. Autoionisation ist verwandt mit dem Vorgang der Emission von Auger-Elektronen aus tieferen Schalen der Atomhülle. Allerdings kann auch ein Strahlungsübergang zu einem der tieferen diskreten Anregungszuständen erfolgen.

Autoionisierende Vorgänge laufen sehr rasch ab (in 10^{-15} bis 10^{-17} s) im Vergleich zu den erlaubten Dipolübergängen (10^{-7} bis 10^{-9} s), sodaß in vielen Fällen die Autoionisation der häufigere Vorgang ist.

Bei Atomen mit mehreren äußeren Elektronen bewirkt die genannte Kopplung der Zustände, daß die Rydberg-Serien für das äußerste Elektron immer mehr zurücktreten, weil bei Zufuhr von Energie die gleichzeitige Anregung mehrerer Elektronen wahrscheinlicher wird als die hohe Anregung eines einzelnen Elektrons.

Autoionisation ist vermutlich zum ersten Mal bei Absorption von UV-Photonen von Beutler |Beu 33| in Form einer Linienverbreiterung der absorbierten Linien beobachtet worden. Sie kann aber auch bei der Anregung durch Stöße genügend energiereicher Elektronen oder Ionen zustande kommen und an einer Verbreiterung in der Verteilung der kinetischen Energien der dabei ausgelösten Elektronen erkannt werden. Diese ist jeweils gleich der Differenz zwischen der Energie des autoionisierenden Zustandes (und der des 1s ^{2}S He$^+$-Grundzustandes des He$^+$-Ions (von 24,587 eV). Fig. 2.42 zeigt eine solche Kurve für die Verteilung der gemessenen kinetischen Energien nach Anregung von He durch 4 keV-Elektronen, nach Siegbahn |x Sie 69|. Man erkennt die Energieverbreiterung z.B. im Bereich der Anregungen zu n=2- und n=3-Zuständen.

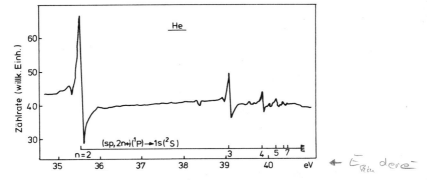

Fig. 2.42. Verteilung kinetischer Energien von Elektronen nach Autoionisation von He nach Anregung durch 4 keV-Elektronen, nach |x Sie 69|. Die Abzissen geben die kinetischen Energien der ausgelösten Elektronen an.

Die mit Hilfe der Photonen aus Synchrotronstrahlung gewonnenen
Absorptionskurven der Fig. 2.43 zeigen die der Fig. 2.42 entsprechenden Autoionisationsvorgänge, z.B. zwischen 64 und 60 eV
|Ma 63|. In entsprechender Weise sind auch autoionisierende Zu-
stände im Bereich zwischen 57,8 und 60,13 eV bei Stößen von He^+-
Ionen von 2 keV auf He gefunden worden |oMo 81|.

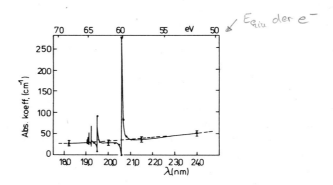

Fig. 2.43. Autoionisierende Zustände bei He aus Absorption
von Synchrotronstrahlung, nach |Ma 63|.
He 2s np← $1s^2$-Resonanzen im 19-20 nm-Bereich.

2.4. Photoionisation in Gasen

Der Prozess der Ionisation durch Photonen ist dem durch Elektronen
ähnlich und soll daher hier noch kurz besprochen werden. Geht man
von Atomen im Grundzustand aus, so gilt

$$h\nu + A \rightarrow A^+ + e \ (+\text{kinet. Energie}) \quad . \tag{70}$$

Der Prozess setzt beim Grenzwert $h\nu = E_{ion}$ ein mit einem steilen
Anstieg des Wirkungsquerschnitts für die etwas höheren Quanten-
energien. Die Bestimmung des Wirkungsquerschnitts (von der Größe
10^{-17} cm²) kann durch den Nachweis der gebildeten Ionen oder
durch die Messung des Absorptionskoeffizienten der Photonen beim
Durchgang durch Gase bekannter Dichte erfolgen. Große Bedeutung
hat die Photoionisation dadurch gewonnen, daß meßtechnisch die
Ionisation durch Photonen höherer Energie eingeleitet und die

kinetische Energie der Photoelektronen mit hochauflösenden Energieanalysatoren, vergleichbar mit den Messungen mit Elektronenstoß, sehr genau gemessen wird (Photoelektronen-Spektroskopie). Zahlreiche Ionisierungspotentiale von Atomen und Molekülen sind auf diese Weise genau bestimmt worden (vergl. z.B. |oHu 71|).

Photoionisationsmessungen und Photoelektronenspektroskopie sind heute zwei sich ergänzende Verfahren, die insbesondere zur Bestimmung der elektronischen und der Schwingungsenergien von Molekülen viel beigetragen haben. Eine Reihe solcher Ergebnisse und der dabei auftretenden Probleme sind bei |Ro 76|, |oDi 62| zusammengestellt worden.

Für ältere Messungen wurde hierzu häufig die He-Resonanzlinie 58,433 nm (entsprechend 21,218 eV), die z.B. in He-Gasentladungen auftritt, verwendet. Ein ausgedehnter Bereich im Sichtbaren bis zum nahen UV steht bei Verwendung von Edelgashochdrucklampen zur Verfügung. Fig. 2.44 gibt die Intensitätsverteilung einer Xe-Hochdrucklampe wieder. Es empfiehlt sich, die Verteilung der Intensität durch Vergleichsmessungen mit einer geeichten Lampe jeweils zu überprüfen. Auch ist ein Anschluß an eine geeichte Wolframbandlampe im Bereich der höheren Wellenlängen möglich.

In den letzten Jahren ist immer mehr die Synchrotronstrahlung von Elektronenbeschleunigern zu solchen Messungen verwendet worden, die infolge ihres besonders zu den höheren Photoenergien hin ausgedehnten Spektrums dann auch gestattet, die kritischen Energien für die Anregung und Ionisation tieferer Elektronenschalen zu ermitteln. Eine ausführliche Darstellung über die Eigenschaften und die Anwendungen der Synchrotronstrahlung findet man z.B. bei Kunz |x Kun 79|.

Die heute zur Verfügung stehenden Kreis-Beschleuniger für Elektronen, bei denen Elektronen auf Kreisen bis zu 100 m Radius hochrelativistische Energien annehmen, liefern kontinuierliche Spektren, die je nach der Elektronenendenergie bis weit in das Gebiet der Röntgenstrahlen reichen. Das Maximum der Emission verschiebt sich mit wachsender Elektronenenergie immer mehr zu höheren Photoenergien. Die Synchrotronstrahlung ermöglicht daher in einem mit früher zur Verfügung stehenden Lichtquellen nicht erreichbaren Maße Untersuchungen auch im fernen UV und im Röntgen-

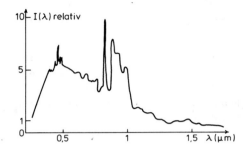

Fig. 2.44. Intensitätsverteilung der Strahlung einer Xe-Hochdrucklampe.

gebiet mit hoher Genauigkeit. Sie ist stark vorwärts gerichtet (d.h. in der Tangente an die Elektronenbahn) und weitgehend polarisiert. Als Beispiel für das Spektrum der Synchrotronstrahlung bei verschiedenen Energien zeigt die Fig. 2.45 die Verhältnisse für den Speicherring DORIS des Deutschen Elektronensynchrotrons DESY.

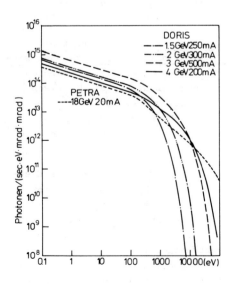

Fig. 2.45. Intensitätsverteilung der Synchrotronstrahlung des Speicherrings DORIS von DESY für einige Elektronenenergien.

Die Figur 2.46 zeigt ein Beispiel für ältere Messungen des
Wirkungsquerschnitts für Photoionisation von Ne |oWei 56|.

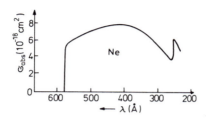

Fig. 2.46. Messungen der Wellenlängenabhängigkeit
des Wirkungsquerschnitts für Photoioni-
sation an Ne, nach |oWei 56|.

Genauere neuere Messungen lassen zusätzlich zahlreiche Strukturen erkennen. Diese sind oberhalb der Ionisierungsgrenze zurückzuführen auf Anregung des gebildeten Ions mit der Möglichkeit der Autoionisation, ferner auf die Anregung innerer Schalen
und auf 2-Photonen-Prozesse. Fig. 2.47 zeigt eine bis in den
Bereich der weichen Röntgenstrahlung führende Absorptionsmessung
am Xe. In dem gut aufgelösten Bereich erkennt man oberhalb der
Ionisierungsschwelle von 12,13 eV eine Reihe höherer Anregungen,
darunter solche mit Autoionisation. Als Beispiel für Untersuchungen an inneren Schalen zeigt die Fig. 2.48 die Absorption
bei atomarem Cu oberhalb der 3p-Schalen mit Photonen im 70-90 eV-
Bereich |So 82|.

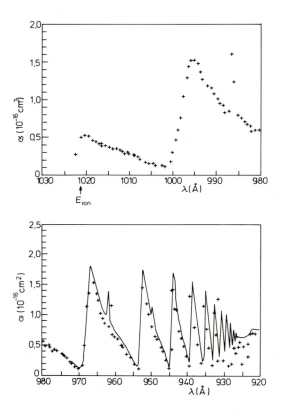

Fig. 2.47. Absorptionsmessung von Synchrotronstrahlung im ferner UV-Bereich bei Xe mit verbesserter Auflösung des Bereichs oberhalb der Ionisierungsschwelle, nach |So 82|.

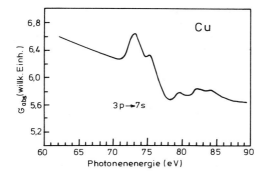

Fig. 2.48. Absorption von Photonen der Synchrotronstrahlung von 70-90 eV an atomarem Cu oberhalb der 3p-Schale, nach |So 82|.

2.5. Polarisierte Elektronen

2.5.1. Polarisationsgrad; transversale und longitudinale Polarisation von Elektronen

Elektronenstrahlen der konventionellen Art enthalten Elektronen, deren Spins willkürlich in beliebige Richtungen zeigen. Seit einiger Zeit ist es gelungen, Elektronenstrahlen zu erzeugen, in denen die Spins eine Vorzugsrichtung einnehmen |oTo1 56|, |x Kes 76|, |oKes 69|, |oMay 69|, |oFa 74|, |oKes 75|. Das Interesse an solchen Strahlen liegt darin begründet, daß man von den Studien über den Durchgang polarisierter Elektronen durch Materie zusätzliche Kenntnisse über Streuvorgänge, über Strukturen in der Materie (z.B. magnetischer Festkörper) und über die Austauschkräfte zwischen Elektronen erwarten kann.

In Spin-polarisierten Elektronenstrahlen sind die Spinorientierungen bezüglich einer gewählten Vorzugsrichtung unterschiedlich besetzt. Man spricht dann z.B. von einer teilweisen Polarisation. Stehen alle Spinrichtungen *in* oder *entgegen* zur Geschwindigkeitsrichtung, so hat man eine vollständige lineare Polarisation vorliegen. Für vollständige transversale Polarisation müssen alle Spins eine bestimmte Richtung senkrecht zur Bahnrichtung annehmen.

Einen unpolarisierten Elektronenstrahl kann man auch darstellen als eine Mischung aus genau gleich vielen Elektronen mit Spins in und entgegen zu einer Vorzugsrichtung in Bezug zu $\vec{v}$.

Als Polarisationsgrad P wird definiert (s. z.B. Keßler |x Kes 76|)

$$P = \frac{N_\uparrow - N_\downarrow}{N_\uparrow + N_\downarrow} \quad , \qquad (70a)$$

wobei $N_{\downarrow\uparrow}$ die jeweilige Zahl von Elektronen in und entgegen zur Vorzugsrichtung ist. P kann also Werte annehmen $-1 < P < 1$. $P = \pm 1$ ist der Fall der totalen Polarisation.

Das Interesse an transversal polarisierten Elektronen kam auf, als man erkannte, daß Elektronen bei der elastischen Streuung an einem Coulomb-Feld (insbesondere dem Feld des Atomkerns) analog zur Polarisation von Licht bei Streuprozessen teilweise polarisiert werden können (z.B. Tolhoek |oTol 56|). Die Spin-Bahn-Wechselwirkung kann zu einem spinabhängigen differentiellen Wirkungsquerschnitt führen. Die theoretische Behandlung dieses Problems bedient sich der Dirac-Gleichungen, die die Basis für die Beschreibung des Elektrons einschließlich seines Spins liefern (z.B. Fano |oFa 57|). Von besonderer Bedeutung ist der Fall der Streuung bereits transversal polarisierter Elektronen an schweren Atomen (Hg, Au), dessen experimentelle und theoretische Untersuchung Aussagen über den Polarisationsgrad der gestreuten Elektronen liefert.

Das Interesse an longitudinal polarisierten Elektronen ist aus den Experimenten zur Verletzung der Parität beim radioaktiven Beta-Zerfall entstanden. Die Deutung dieser Experimente führte zu der Erkenntnis, daß die emittierte Beta-Strahlung vorzugsweise longitudinal polarisiert ist. Die Polarisation P ist bei Elektronen-Zerfall negativ (d.h. entgegengesetzt zur Richtung von $\vec{v}$ der Elektronen gerichtet), bei Positronen-Zerfall positiv (in Richtung von $\vec{v}$). Für alle "erlaubten" und die meisten "verbotenen" Beta-Zerfälle ist

$$P = \pm \frac{v}{c} \quad |Bo\ 73| \quad . \qquad (71)$$

Zur experimentellen Bestimmung des Polarisationsgrades nutzte man dabei die Erscheinung aus, daß die Richtung des Spins des Elektrons bei einer Ablenkung in einem elektrostatischen Feld erhalten bleibt. Durchläuft ein Strahl longitudinal polarisierter Elektronen ein elektrisches Zylinderfeld, wie in der Fig. 2.49 dargestellt wird, wobei die Teilchen um 90 Grad in ihrer Bahn abgelenkt werden, so ist für nicht relativistische Elektronen aus der longitudinalen eine transversale Polarisation entstanden.

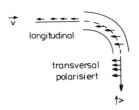

Fig. 2.49. Umwandlung von longitudinaler in transversale Polarisation beim Durchgang von Elektronen durch ein elektrisches Zylinderfeld.

2.5.2. Erzeugung polarisierter Elektronenstrahlen

Schon von Pauli ist 1932 gezeigt worden, daß eine Aufteilung der Spinrichtungen von schnellen Elektronen in einem engen Strahl auf die klassische Weise nach der Stern-Gerlach-Methode nicht möglich ist, da die Lorentz-Kraft das Aufspaltungsbild verwischt. Doch sind heute eine Reihe von Verfahren zur Erzeugung polarisierter Elektronenstrahlen bekannt, von denen die wichtigsten hier dargestellt werden sollen.

2.5.2.1. Streuung von Elektronen an Atomen

Man kann transversale Polarisation durch Streuung von Elektronen an Atomen erzeugen. In erster Linie ist für die Streuung das elektrische Feld der Kerne verantwortlich. Daneben tritt aber auch eine Spin-Bahn-Wechselwirkung auf. Die dabei entstehende Kraft hängt von der Spin-Orientierung beim Umfliegen des Streuzentrums ab. Es werden deswegen Elektronen mit einem Spin parallel zu dem (vom Standpunkt des Elektrons aus gesehen) beim Vorbeifliegen der

elektrischen Ladung des Atoms entstehenden Magnetfeld eine andere
Ablenkung erfahren als solche mit dem entgegengesetzten Spin. Die
Folge ist eine transversale Polarisation des gestreuten Strahls.

Die Theorie zeigt, daß ein unpolarisierter Strahl bei Streuung um
den Winkel Θ eine Polarisation der Größe S(Θ) senkrecht zur Streuebene - als Ebene aus der Richtung des primären und des gestreuten
Strahls - erfährt. S(Θ) heißt Sherman-Funktion. Sie ist die für
einige Atome, z.B. Au, berechnete Asymmetrie-Funktion. Und zwar
ist

$$S(\Theta) = i \left\{ \frac{f(\Theta) \cdot g(\Theta)^* - f(\Theta)^* \cdot g(\Theta)}{|f(\Theta)|^2 + |g(\Theta)|^2} \right\} \quad |x \text{ Mo } 65| \quad . \quad (72)$$

f(Θ) und g(Θ) sind die mit Hilfe der Dirac-Gleichungen für ein
kugelsymmetrisches Potential berechneten Streuamplituden, bei
denen die Spinrichtung der gestreuten Elektronen erhalten bleibt,
bzw. umklappt. Die Streuintensitäten für die Streuwinkel Θ und -Θ

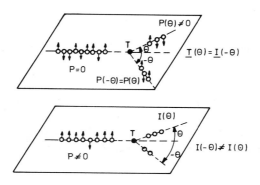

Fig. 2.50 a. Streuung eines unpolarisierten Elektronenstrahls
          an Atomen T. Streuebene gleich Zeichenebene.
       b. Streuung eines polarisierten Elektronenstrahls.

       Die Pfeile kennzeichnen die Spinkomponenten senk-
       recht zur Streuebene.

sind gleich:
primärer Strahl unpolarisiert,
gestreuter Strahl I (Θ) = I (-Θ).

Fig. 2.50 zeigt die experimentelle Anordnung schematisch. T ist ein Targetatom. Die Zeichenebene ist in diesem Fall die Streuebene, die Pfeile kennzeichnen die Spinkomponente senkrecht zur Streuebene.

Die Theorie hat sich auch ausführlich mit der Polarisation bei der elastischen Streuung schneller Elektronen, die bereits eine Polarisation, z.B. eine transversale Polarisation P_t besitzen befaßt. Die Streuung soll jetzt allgemein in die Winkel Θ und ϕ zur Richtung des ankommenden Elektrons erfolgen, wie Fig. 2.51 darstellt. Die Streuintensität ist jetzt asymmetrisch. Die Asym-

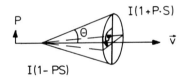

Fig. 2.51. Streuung polarisierter schneller Elektronen in die Winkel Θ und ϕ zur Einstrahlungsrichtung. (s. Anm. zu Fig. 2.30).

metrie zeigt ein Maximum, wenn die Streuebene senkrecht zu P ist, wie es der Figur 2.50b entspricht. Beschränkt man sich daher auf die Betrachtung der Vorgänge in einer Streuebene mit $\phi = 90°$, bzw. 270°, so sind die Wirkungsquerschnitte gegeben durch

$$\sigma(\Theta, 90°) = I(\Theta) \cdot (1 - P_t \cdot S) \quad \text{und} \tag{73}$$
$$\sigma(\Theta, 270°) = I(\Theta) \cdot (1 + P_t \cdot S) \quad .$$

Für $P_t = 1$ hätte man somit:

$$\frac{I_{90}}{I_{270}} = \frac{I(\Theta)(1-S)}{I(\Theta)(1+S)} = \frac{1-S}{1+S} \quad , \tag{74}$$

woraus man S ermitteln könnte.

Der Streuquerschnitt für verhältnismäßig langsame unpolarisierte Elektronen zeigt eine starke Abhängigkeit vom Streuwinkel Θ (Ramsauer-Effekt, s. 2.1.2). Es hat sich gezeigt, daß hohe Polarisationsgrade bei der Streuung immer in der Nähe tiefer Minima des Streuquerschnitts auftreten. Als typisches Beispiel für die Polarisation eines ursprünglich unpolarisierten Strahls zeigt Fig. 2.52 die Messung der Streuung von 150 eV-Elektronen an Xe |Scha 68|. Es wurde hier bei 60° ein P_t von 39,5% erreicht. Gleichzeitig ist die Abhängigkeit des Streustroms von Θ aufgetragen. Man erkennt deutlich die Beziehung zwischen den beiden Kurven. Bei einem anderen Experiment, bei dem 300 eV-Elektronen an Hg gestreut wurden, wurde eine Polarisation von mehr als 80% erzielt. In beiden Fällen ist die Polarisation aus einer zweiten Streuung nach einer Nachbeschleunigung der Elektronen im selben Gas ermittelt worden (Doppelstreu-Experiment). Ähnliche Untersuchungen sind bei verschiedenen Energien (bis etwa 2000 eV) auch an zahlreichen anderen Atomen, sowie an Molekülen (z.B. J_2, C_6H_6, CCl_4) durchgeführt worden |Kes 68|.

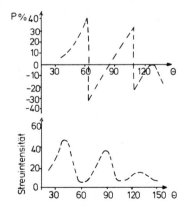

Fig. 2.52. Winkelabhängigkeit der Polarisation bei Streuung von 150 eV-Elektronen an Xe und Vergleich mit der Winkelabhängigkeit der Streuintensität, nach |Scha 68|.

2.5.2.2. Mott-Streuung

Wie aus der obigen Beschreibung schon hervorgeht, kann man den z.B. bei einer ersten Streuung erzielten Polarisationsgrad durch eine zweite Streuung ermitteln. Man nennt dies eine Mott-Streuung |x Mo 65|. Man kann dabei die Streuung z.B. an einer Goldfolie ausnutzen. Und zwar registriert man im allgemeinen die Streuquerschnitte für $\phi = 90°$ und $\phi = 270°$ (links-rechts-Streuung) für feste Streuwinkel Θ, entsprechend der Fig. 2.50b. Man erhält dann aus Gleichung (73) die transversale Polarisation

$$P_t \cdot S = \frac{I_l - I_r}{I_l + I_r} \quad . \tag{75}$$

Die Streufunktion $S(\Theta)$ beschreibt demnach:
1. Das Ausmaß der links-rechts-Streuungs-Asymmetrie eines bereits polarisierten Strahls (Mott-Streuung) und
2. den Betrag der Polarisation aus der Streuung eines unpolarisierten Strahls.

$S(Z, E, \Theta)$ ist für niedrige Z klein ($S \to 0$). Die für $Z = 79$ von Sherman berechnete Funktion ist für die Energie 100 keV als Funktion von Θ in Fig. 2.53 aufgetragen |She 56|.

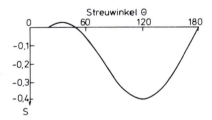

Fig. 2.53. Sherman-Funktion für 100 keV-Elektronen als Funktion des Streuwinkels.

Die Fig. 2.54 zeigt die Funktion für verschiedene größere Energien und große Streuwinkel. Sie macht verständlich, daß man zur Bestimmung der Polarisation mittels Mott-Streuung die Streuwinkel bei 120 Grad und die Elektronenenergie zu etwa 100 keV wählt, da dort die Funktion S einen großen Wert annimmt und sich wenig mit Θ ändert |Hol 64|.

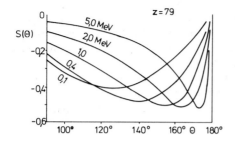

Fig. 2.54. Sherman-Funktion für einige größere Elektronenenergien und große Streuwinkel (Z = 79).

2.5.2.3. Møller Streuung (Elektron-Elektron-Streuung)

Unter Møller-Streuung versteht man die unelastische Streuung vor allem relativistischer Elektronen an praktisch freien, d.h. im Atomverband nur schwach gebundenen Elektronen. Die Streuung kann man daher als einen Stoß zwischen einem ruhenden und einem schnellen Elektron betrachten. Der Wirkungsquerschnitt ist zunächst von Møller berechnet worden |Mø 32|. Aber erst spätere Rechnungen von Bincer |Bi 57| berücksichtigten auch die Spinrichtungen und lieferten damit die Grundlage für eine Bestimmung der *longitudinalen* Polarisation, insbesondere bei Betateilchen des radioaktiven Zerfalls. In der Praxis erfolgt die Streuung an Elektronen des Fe, die durch ein geeignetes magnetisches Feld in (oder entgegengesetzt) der Richtung der Bewegung der zu streuenden Elektronen polarisiert werden. Das magnetische Feld wird mit Hilfe einer um eine Eisenfolie gelegten Magnetspule (s. Fig. 2.55) erzeugt. Der Wirkungsquerschnitt für die Elektron-Elektron-Streuung hängt in besonderer Weise von der Energie, der Energieaufteilung nach dem Stoß (der Winkel Θ_c im Schwerpunktsystem ist gleich 2Θ im Laborsystem) und der relativen Spinorientierung ab. Er ist für parallele Spins σ_p kleiner als für antiparallele σ_a. Meist wählt man den Fall heraus, daß der Streuwinkel $\Theta_c = 90°$, d.h. $\Theta = 45°$ ist. Die beiden Elektronen tragen dann beide je die halbe Anfangsenergie. Man mißt die beiden Elektronen hinter der Folie in Koinzidenz und bestimmt die relative Differenz der Streuraten für die eine und die entgegengesetzte Magnetfeldrichtung (d.h. Polarisationsrichtung der Fe-Elektronen). Die Meßanordnung zeigt die Fig. 2.55.

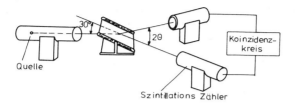

Fig. 2.55. Meßanordnung für Møller-Streuung, schematisch, mit Koinzidenzkreis, nach |Fra 57|.

Sind die Koinzidenzraten für parallele und antiparallele Magnetisierung C_p und C_a und $\varepsilon = \frac{\sigma_p}{\sigma_a}$, so wird

$$\frac{C_p - C_a}{C_p + C_a} = 2\, f \cdot \cos \alpha \cdot P \cdot \frac{1 - \varepsilon}{1 + \varepsilon} \quad , \tag{76}$$

dabei ist f der Anteil der polarisierten Elektronen in der Fe-Folie (etwa 8%), α der Winkel zwischen der Impulsrichtung des ankommenden Elektrons und der Magnetfeldrichtung und P die Polarisation. Die Theorie zeigt, daß für den Fall θ = 45° das Verhältnis ε für Elektronen geringer Energie fast Null ist. Für relativistische Elektronen nimmt ε für die genannte Geometrie zu bis auf 1/8 für sehr schnelle Elektronen (s. Figur 2.56).

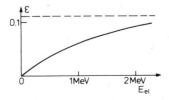

Fig. 2.56. $\varepsilon = \frac{\sigma_p}{\sigma_a}$ für Møller-Streuung als Funktion der Energie.

Für andere Stoßverhältnisse und Streuwinkel ändert sich ε stark, wie Figur 2.57 zeigt, in der ε als Funktion des Verhältnisses w der beim Stoß vom stoßenden Elektron abgegebenen zu seiner ursprünglichen kinetischen Energie aufgetragen ist (nur für Elektronen mit geringer Energie).

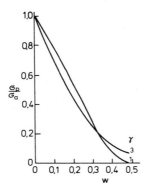

Fig. 2.57. $\frac{\sigma_p}{\sigma_a}$ als Funktion der beim Stoß abgegebenen Energie für verschiedene kinetische Energien; w = abgebene Energie/Stoßenergie,

$$\gamma = \frac{1}{\sqrt{1-\frac{v^2}{c^2}}}, \text{ nach } |x \text{ Kes } 76|.$$

2.5.3. Polarisation durch Photoionisation (Fano-Effekt)

Fano hat 1969 |Fa 69| vorausgesagt, daß bei Bestrahlung von Atomen mit zirkular polarisiertem Licht, die zu einer Photoionisation führt, polarisierte Elektronen entstehen. Er hat dabei darauf hingewiesen, daß für diese Erscheinung eine Kopplung zwischen Spin und Bahndrehimpuls der Photoelektronen erforderlich ist. Erst die Spin-Bahn-Wechselwirkung bewirkt, daß die Photoionisationsquerschnitte von der relativen Spinorientierung von Photonenspin und Spin des Atoms abhängen. Der Effekt kann am Beispiel der Bestrahlung von Na-Atomen mit zirkular polarisierten Photonen, deren Energie größer als die Ionisierungsenergie des Na ist, gezeigt werden. Die Abhängigkeit des Photoionisierungsquerschnitts von der Wellenlänge λ zeigt die Figur 2.58 schematisch |x Kes 76|,

|oKes 69|. Dabei ist Q_c der gesamte, $Q_{c\uparrow}$ und $Q_{c\downarrow}$ jeweils der Wirkungsquerschnitt für Na-Atome, deren Valenzelektronen in oder entgegengesetzt zum Photonenspin gerichtet sind. Die Figur zeigt, daß in einem engen Wellenlängenbereich ein hoher Polarisationsgrad erreicht werden kann. Die komplizierte Theorie muß allerdings berücksichtigen, daß der Elektronenspin beim Photoionisationsprozess umklappen kann, und zwar so, daß immer ein Umklappen in die Richtung der Spins der eingestrahlten Photonen erfolgt, d.h. daß die Atome mit entgegengesetzten Spins ein Umklappen erfahren können, die mit parallelen Spins aber nicht.

Experimente (|Kes 70|, |He 70|) an Cs erzielten hierbei ein Polarisation P von 0,81. Auch bei Bestrahlung gewisser Halbleiterkristalle (z.B. GaAs) mit zirkular polarisiertem Licht (aus Hochleistungslasern) werden polarisierte Elektronen erzeugt. Die dabei erreichbaren relativ hohen Stromstärken sind für Experimente der Elementarteilchenphysik genutzt worden.

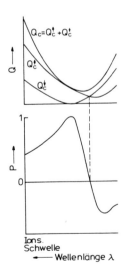

Fig. 2.58. Photoionisationsquerschnitt und Polarisation der Photoelektronen für Alkaliatome in Abhängigkeit von der Wellenlänge, schematisch, nach |x Kes 75|.

2.5.4. Polarisation von Elektronen durch Spinaustausch-Stoßprozesse mit polarisierten Atomen

Durch optisches Pumpen können Atome in einem Magnetfeld ausgerichtet werden, wie z.B. für Alkaliatome ausführlich studiert worden ist |De 58|. Läßt man Stöße von thermischen freien Elektronen mit solchen Atomen im überlagerten Magnetfeld unter Anwesenheit eines Puffergases (von einigen mbar) zu, kann es infolge vieler Zusammenstöße zu einem resonanzartigen Elektronenaustausch, bzw. dem Spinaustausch von polarisierten Atomen auf das Elektron kommen. Es stellt sich ein Ausgleich in den Polarisationsausbeuten zwischen Atomen und Elektronen ein. Von zahlreichen untersuchten Möglichkeiten soll der Fall des Na in seiner einfachsten Art dargestellt werden. Die nach dem Austauschprozess verbliebenen Elektronen sind polarisiert. Der Polarisationsgrad der ausgerichteten Na-Atome und seine Änderungen und damit die Häufigkeit der Austauschprozesse kann, wie aus den Versuchen zum optischen Pumpen geläufig ist, durch den Nachweis eines Lichtsignals, nämlich eines NaD-σ^+-Absorptionssignals registriert werden, welches noch vorhandene ausgerichtete Atome in den Grundzustand zurückführt.

Der Austauschprozess ist zu verstehen als Bildung eines kurzlebigen $3s^2 1S_0$-Zustandes eines Na^--Ions, dessen Bindungsenergie nahe Null ist. Das Valenzelektron und das angelagerte Elektron bilden vor allem einen ↑↓-Zustand, die Bildung eines Triplettzustands ↑↑ hat einen kleineren Wirkungsquerschnitt, da kein gebundenes

$$e + Na\uparrow \rightarrow Na^- (\uparrow\downarrow) \rightarrow e\uparrow + Na$$

Triplett-Niveau des Na^- existiert, also kein Resonanzprozess stattfindet.

Der erreichte Polarisationszustand der freien Elektronen kann ebenfalls wieder gelöscht werden durch Einstrahlen einer HF-Strahlung mit $\nu = g_s \mu_B \frac{H}{h}$, dabei ist g_s der g-Faktor des freien Elektrons. Eine ausführliche Beschreibung der verschiedenen Möglichkeiten solcher Spinaustauschprozesse und ihre theoretische Behandlung gibt Keßler in |x Ke 76|.

3. Stöße zwischen Gasatomen und -ionen

Die Physik der Stoßprozesse zwischen Atomen und von Ionen mit Atomen hat entscheidend zu den heutigen Kenntnissen über die zwischenatomaren Wechselwirkungen beigetragen. Die ältere kinetische Gastheorie hatte zunächst nur ideale Gase betrachtet, bei der die Gasteilchen als starre Kugeln mit der Masse m und Geschwindigkeit v angesehen werden. Sie üben keine Kräfte aufeinander aus, so lange sie sich nicht berühren. Die Stöße zwischen den Gasteilchen konnten daher als Stöße elastischer Kugeln behandelt werden. Für das Verhalten realer Gase mußte aber die Ausdehnung der Teilchen und die jeweils charakteristische Abhängigkeit von Kräften zwischen den Teilchen berücksichtigt werden. Wenn sich 2 neutrale Atome in ihrem Grundzustand bei einem Stoß auf weniger als etwa 10^{-6} cm nähern, setzt eine merkliche Wechselwirkung mit schwach anziehenden Kräften ein. Bei sehr kleinen Abständen ($\lesssim 10^{-9}$ cm) bestimmen stark abstoßende Kräfte das Stoßverhalten. Bei einem jeweils typischen Abstand können sich beide Kräfte gerade aufheben, sodaß es zu einer stabilen Konfiguration mit einem Minimum der potentiellen Energie kommen kann (vergl. hierzu Abschnitt 2.2.3 und Figur 3.2). Befindet sich eines der beiden Teilchen oder beide in einem angeregten Zustand, so kommt es in vielen Fällen nicht mehr zu einem stabilen Gleichgewicht, vielmehr bestehen vielfach für alle Abstände der Teilchen abstoßende Kräfte. Sie sind bei größeren Abständen noch gering, nehmen aber zu kleineren Abständen hin immer mehr zu.

Die seit den 20er Jahren rasch immer weiter verbesserte Technik der Atomstrahlen, insbesondere für Reaktionsräume mit niedrigen Gasdrücken ($\approx 10^{-6}$ Torr) hat es ermöglicht, sich in den letzten Jahrzehnten immer intensiver mit den Stößen zwischen neutralen Teilchen und Ionen zu beschäftigen. Wesentlich war neben der Beherschung der Hochvakuumtechnik die Verbesserung der Datenaufzeichnung und -analyse. So entstand eine kaum mehr überschaubare Vielzahl von Untersuchungen über elastische und unelastische Stöße neutraler Teilchen, über Streuprozesse, sowie Stöße von Ionen mit neutralen Teilchen und über Reaktionen zwischen den Teilchen mit Aussagen über den Ablauf chemischer Reaktionen. Der erfaßte Energiebereich erstreckt sich von niedrigen (thermischen) Energie, über den keV bis hin zum MeV-Bereich. Über alle genannten Teilgebiete liegen kompetente Berichte, kürzere Zusammenfassungen und Status-Berichte zum vertieften weiteren Studium vor, von denen nur einige wenige hier aufgeführt werden können: |x Mas 74|, |x Mo 65|, |x Has 64|, |x Bat 62|, |x Schli 70|, |x Gel 69|, |x Ni 74|, |x McDo 70|, |x Be 79|, |x Chi 74|.

3.1. Experimentelle Aspekte

3.1.1. Labor- und Schwerpunktsystem

Die für die Messungen wichtigen Größen, nämlich Streu bzw. Reaktionsquerschnitte und differentielle Querschnitte und ihre Zusammenhänge mit den gemessenen Streuintensitäten sind bereits früher genannt worden. Im Grenzfall eines schweren (als ruhend ansehbares) Targetteilchen und eines leichten schnellen Strahlteilchens (z.B. Elektrons) fallen das Labor- und das Schwerpunkssystem praktisch zusammen, sodaß der differentielle Wirkungsquerschnitt direkt proportional zur gemessenen Streuintensität ist, bezogen auf ein gewähltes Raumwinkelelement in Bezug zur Strahlachse, bzw. daß nur kleine Korrekturen notwendig sind. Im allgemeinen Fall der Stöße zwischen Teilchen vergleichbarer Masse ist aber der Streuwinkel im Laborsystem Θ_a verschieden vom Streuwinkel im Schwerpunksystem Θ. Entsprechend muß der differentielle Wirkungsquerschnitt berichtigt werden. Es ist physikalisch sinnvoll, Atom-Atomstöße in einem Inertialsystem zu betrachten, in dem der Schwerpunkt des ganzen Systems in Ruhe ist. Es ist

$$\frac{d\sigma(\Theta)}{d\Omega} = \frac{d\sigma(\Theta_a)}{d\Omega_a} \cdot \frac{d\Omega_a}{d\Omega} \tag{77}$$

Die Vorgänge hängen im Laborsystem allgemein von den Winkeln zwischen den Teilchengeschwindigkeiten $\vec{v}_1$ und $\vec{v}_2$ ab, während die Stoßdynamik nur von den Relativgeschwindigkeiten $\vec{w}_r$ der Teilchen abhängt.

Ist $\vec{r}_c$ die Koordinate des Schwerpunkts im Schwerpunksystem und ist $\vec{r}$ der Abstandsvektor der Teilchen mit den Massen m_1 und m_2, sowie $M = m_1 + m_2$, im Laborsystem und sind $\vec{R}_1$ und $\vec{R}_2$ die Ortsvektoren im Labor- und $\vec{r}_1$ und $\vec{r}_2$ diejenigen im Schwerpunktsystemen, so ist

$$\vec{R}_1 = \vec{r}_c + \vec{r}_1 \quad \text{und} \quad \vec{R}_2 = \vec{r}_c + \vec{r}_2 \quad .$$

Ist die Geschwindigkeit der Teilchen im Laborsystem $\vec{v}_1$ und $\vec{v}_2$ und im Schwerpunktsystem $\vec{u}_1$ und $\vec{u}_2$, dann ist mit $\vec{v}_c$ als Schwerpunktgeschwindigkeit

$$\vec{v}_1 = \vec{v}_c + \vec{u}_1 \text{ und } \vec{v}_2 = \vec{v}_c + \vec{u}_2 \;.$$

Es ist $\vec{R}_1 - \vec{R}_2 = \vec{r} = \vec{r}_1 - \vec{r}_2$ und $\vec{u}_1 - \vec{u}_2 = \vec{v}_1 - \vec{v}_2 = \vec{w}_r$.
Wegen

$$r_1 = \frac{m_2}{M} r \text{ und } r_2 = -\frac{m_1}{M} r, \text{ wird}$$

$$u_1 = \frac{m_2}{M} w_r \text{ und } u_2 = -\frac{m_1}{M} w_r \text{ mit } w_r = \frac{dr}{dt} \text{ und } |w_r| = \sqrt{u_1^2 + u_2^2}.$$

Im Schwerpunktsystem ist $m_1 \vec{u}_1 + m_2 \vec{u}_2 = 0$.
Wegen des Energieerhaltungssatzes bleibt z.B. für rein elastische Stöße die Energie im Schwerpunktsystem $E_c = \frac{1}{2} \mu w_r^2$ (mit $\mu = \frac{m_1 m_2}{M}$) ungeändert und damit $|\vec{w}_r|$ konstant.

Von den vielen Möglichkeiten der experimentellen Anordnung findet der Fall häufig den Vorzug, daß die Teilchenströme senkrecht aufeinander gerichtet sind (Methode der gekreuzten Strahlen |oToe 74|). In diesem Fall sind die geometrischen Verhältnisse besonders übersichtlich, z.B. hinsichtlich der Führung der Strahlen vor dem Stoß und der genauen Bestimmung des Reaktionsvolumens. Der Detektor für den gestreuten Strahl befindet sich im allgemeinen in der Streuebene. Diese Verhältnisse sollen in Kürze weiter ausgeführt und in Figur 3.1 dargestellt werden.

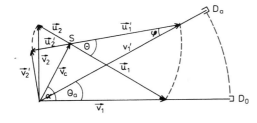

Fig. 3.1. Geschwindigkeitsdiagramm für Stöße zwischen Teilchen vergleichbarer Masse im Labor- und im Schwerpunktsystem für den Fall der unter 90° gekreuzten Strahlen (D Detektor).

Im Schwerpunktsystem hat sich $\vec{w}_r$ beim Stoß um den Winkel gedreht, dabei bleiben die Beträge von $\vec{u}_1'$ und $\vec{u}_2'$ erhalten. Daraus ergeben sich Größe und Richtung von v_1' und v_2' im Laborsystem nach dem Stoß aus

$$v_1' = v_c + u_1' \text{, sowie } v_2' = v_c + u_2' \text{ (mit } u_1' \text{ und } u_2' \text{ nach dem Stoß)} \quad . \quad (78)$$

Für die Beziehung zwischen Θ_a und Θ, sowie $\dfrac{d\Omega_a}{d\Omega}$ findet man:

$$\Theta_a = \text{arc tan} \left[\frac{\sin\Theta + (\frac{v_2}{v_1})(1-\cos\Theta)}{\frac{m_1}{m_2} + \cos\Theta + (\frac{v_2}{v_1})\sin\Theta} \right] \quad . \quad (79)$$

Daraus ergibt sich für den häufig auftretenden Fall $v_2 = 0$ die wichtige Beziehung

$$\tan\Theta_a = \frac{m_2 \sin\Theta}{m_1 + m_2 \cos\Theta} \quad . \quad (80)$$

Ferner ist $\Theta = \text{arc cos } |(2u_1^2 - v_1^2 - v_1'^2 + 2v_1'v_1'\cos\Theta_a)/2u_1^2|$

$\alpha = \text{arc tan } (\dfrac{m_2 v_2}{m_1 v_1})$; $\quad u_1 = m_2 \dfrac{(v_1^2 + v_2^2)^{1/2}}{M}$

$v_1' = v_c \cdot \cos(\alpha - \Theta_a) \pm |u_1^2 - v_c^2 \sin^2(\alpha - \Theta_a)|^{1/2}$

$v_c = \dfrac{(m_1^2 v_1^2 + m_2^2 v_2^2)^{1/2}}{m_1 + m_2}$ und schließlich

$$\frac{d\Omega_a}{d\Omega} = (\frac{u_1}{v_1'})^2 |\cos\zeta| = u_1 (u_1^2 + v_1'^2 - v_c^2) / 2 v_1'^3 \quad . \quad (81)$$

Ausführlichere Berechnungen und weitere Zusammenhänge findet man z.B. bei Bernstein |Be 62|, Beck |Bec 66|, Helbig und Pauly |Hel 64| und Toennies |oToe 74|.

3.1.2. Atomstrahlen

Die experimentellen Grundlagen der Atomstrahltechnik sind in hervorragender Weise dargestellt worden, z.B. bei Ramsey |x Ra 56|, Pauly |oPa 65| oder Kusch und Hughes |oKu 59|, sodaß sich hier eine nähere Darstellung erübrigt.

Von den vielen technischen Besonderheiten bei den Atomstrahlquellen soll hier der Fall der Erzeugung von H-Atomstrahlen etwas näher betrachtet werden, da gerade mit solchen viele Untersuchungen durchgeführt worden sind, die dann besonders geeignet sind, mit theoretischen Aussagen verglichen zu werden.

Da Wasserstoff zunächst nur als Molekül zur Verfügung steht, muß man für eine Dissoziation des H_2 sorgen. In einigen Quellen wird dabei der hohe Dissoziationsgrad in Gasentladungen (z.B. Hochfrequenzgasentladungen) ausgenutzt, wobei dann schließlich ein hoher Anteil an H-Atomen aus der Quelle diffundieren kann, während die geladenen Teilchen durch elektrostatische Felder beseitigt werden. Häufig werden H-Atomstrahlen mit einem Wolfram-Ofen, der auf bis zu 3000 K aufgeheizt wird, erzeugt. Wenn der Druck im Ofen genügend klein ist, kann man mit einem hohen thermischen Dissoziationsgrad rechnen |Lo 62|.

Eine andere Technik, die sowohl der Erzeugung schneller H-Atome als auch anderer neutraler Atome dient, nutzt den Prozess der Neutralisierung von Ionen durch Einfang eines Elektrons beim Durchgang durch Gase aus. Die Ionen werden zunächst auf die gewünschte Energie beschleunigt und dann in einer mit einem geeigneten Gas gefüllten Umladungskammer umgeladen. Zahlreiche Hinweise findet man hierzu bei |oTa 73|. Dieses Verfahren ist auch zur Erzeugung schneller Alkaliatome ausgenutzt worden.

Einige Bemerkungen sind noch angebracht über die Messung der Strahlintensitäten. Geladene Teilchen können mit bemerkenswerter Genauigkeit mit einem Faraday-Käfig registriert werden, der mit Schutz- oder Gegenfeld-Elektroden oder magnetischen Feldern zur Unterdrückung der Sekundärelektronen aus der Oberfläche des Käfigs versehen ist. Für neutrale Stöme werden oft thermische Detektoren (Thermokreuz, auch Thermistoren) verwendet. Doch wird es schwierig, damit die oft sehr geringen Ströme nachzuweisen.

Sekundärelektronenemission-Detektoren finden oft zum Nachweis neutraler Teilchen mittlerer Energien (im keV-Bereich) Anwendung, ebenso wie Sekundärelektronenvervielfacher, die besonders zur Messung sehr geringer Ströme geladener Teilchen geeignet sind.

Auch die Ionisation durch Elektronenstoß der neutralen Atom-

oder Molekülstrahlen ist in verschiedenen Apparaturen genutzt worden. Es ist verständlich, daß zur Gewinnung absoluter Wirkungsquerschnitte neben der genauen Bestimmung der Gasdichten, bzw. der neutralen Teilchenströme im Stoßraum auch die absolute Nachweisempfindlichkeit der Detektoren recht genau ermittelt werden muß.

3.2. Elastische Streuung

3.2.1. Klassische Betrachtungen

Die ersten Erkenntnisse über die elastische Streuung von Teilchen beim Durchgang durch Gase gewann man, wie im Falle der Elektronen (s. 2.1.1) aus den Versuchen über die Schwächung von Atomstrahlen in Strahlrichtung. Die experimentelle Anordnung entsprach im Prinzip der in Figur 2.1 für Elektronen gezeigten. Zur Deutung der Ergebnisse stützte man sich zunächst auf die aus der kinetischen Gastheorie übernommenen Vorstellungen von Stößen zwischen kugelförmigen Teilchen vom Radius a und einem Stoßwirkungsquerschnitt vom Betrag πa^2. Die Messungen über die Streuung zeigten aber eine starke Winkel- und Geschwindigkeitsabhängigkeit und legten somit nahe, die experimentellen Ergebnisse im Hinblick auf die zwischen den Teilchen herrschenden Kräfte zu analysieren. Theoretisch sind diese Fragen bereits mit klassischen Methoden in den 30er Jahren bearbeitet worden (s. z.B. |x Ke 38|). Die Entwicklung der klassischen Theorie für eine Streuung durch eine zentrale Kraft und ein Streupotential $U(r)$ ist z.B. von Child |x Chi 74| ausführlich dargestellt worden. Dabei ergibt die Berechnung der klassischen Teilchen-Bahnen (ausgehend von der Energie- und Drehimpuls-Erhaltung) z.B. für die Streuung an harten Kugeln (d.h. $U(r) = 0$ für $r > a$ und $U = \infty$ für $r < a$) den Wirkungsquerschnitt

$$\sigma(E) = \pi a^2 ,$$

also unabhängig von der Energie, und eine richtungsunabhängige Streuintensität.

Für die Streuung bei Stößen zwischen neutralen Atomen bot sich die Annahme eines Streupotentials mit einem Verlauf gemäß Figur 3.2 an, bei dem bei kleinen Abständen stark abstoßende, bei großen Abständen schwach anziehende Kräfte wirksam sind.

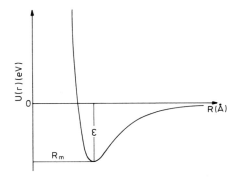

Fig. 3.2. Wechselwirkungspotential U(r) mit Tiefe ε
für Stöße zwischen neutralen Teilchen,
schematisch.

Für die größeren Abstände verläuft das Potential in vielen Fällen gemäß $U(r) \sim r^{-6}$ (s. Näheres bei |oToe 74|), bei kleinen Abständen fällt U(r) mit r^{-n} (n = 9 bis 12) ab. Die noch zu schildernden Experimente sind so angelegt, daß sie über den Verlauf der Potentialfunktion möglichst genaue Werte ergeben, die sich dann mit theoretischen Aussagen vergleichen lassen (z.B. |oPa 65|, |oPa 79|).

Die Gleichung (17) lieferte bereits einen Zusammenhang zwischen dem Streuwinkel Θ (b,E), dem Stoßparameter b und der Energie E unter Einbezug eines Streupotentials U(r). Für die oben angenommene Form des Streupotentials ergibt sich daraus für eine feste Energie schematisch der Zusammenhang gemäß der Figur 3.3 zwischen dem Ablenkwinkel Θ und dem Stoßparameter b.

Bei einem Frontalzusammenstoß (b = 0) wird Θ = π, das Teilchen fliegt in entgegengesetzter Richtung wieder zurück. Bei wachsendem b wird die Abstoßung geringer, schließlich nimmt die Anziehung so zu, daß für $b = b_g$ keine Ablenkung mehr auftritt. Wird b noch größer, wird Θ negativ, bis bei $b = b_r$ der Betrag von Θ ein Maximum erreicht hat. Hier ist die Anziehung am größten. Für noch größere Werte von b nimmt Θ wieder ab.

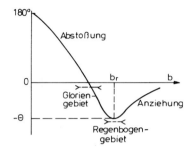

Fig. 3.3. Ablenkungswinkel Θ als Funktion des Stoßparameters b für Streuung durch ein Potential gemäß der Figur 3.2.

3.2.2. Einige quantenmechanische Betrachtungen zum Wirkungsquerschnitt und zur Winkelverteilung bei elastischen Stößen

In den quantenmechanischen Theorie der Streuung werden die klassischen Teilchen durch Wellenpakete ersetzt, die den klassischen Bahnen folgen. Als Folge der Wellennatur der Teilchen kommt es zu Interferenzen zwischen den im allgemeinen als ebene Wellen anzusehenden einfallenden und den gestreuten Wellen (s. hierzu Gl. (23)). Das Ziel der Rechnungen, z.B. für die Streuung durch zentrale Streufelder, ist die genaue Bestimmung der Streufunktion $f(\Theta)$ und der Vergleich der sich daraus ergebenden mit den gemessenen Streuintensitäten

$$\frac{d\sigma(\Theta)}{d\Omega} = I(\Theta) = |f(\Theta)|^2 \qquad (s. \ (24)$$

für das jeweils zugrunde gelegte Streupotential $U(r)$. Schon die genauere klassische Theorie ließ erkennen, daß man einen endlichen Wirkungsquerschnitt nur erwarten kann, solange $U(r)$ so beschaffen ist, daß die Reichweite der Wechselwirkungskräfte stark begrenzt ist. Es wäre sonst bei einer nur langsamen Abnahme des Potentials mit r die Existenz eines endlichen Wirkungsquerschnitts nicht zu verstehen, da ja in recht großer Entfernung der Teilchen immer noch eine wirkende Kraft erwartet werden müßte. Die Quantentheorie mit der Berücksichtigung der Wellennatur der Teilchen konnte in fast allen Fällen die vorliegenden Schwierigkeiten der klassischen Theorie beheben. Wenn U(r) für große Abstände schneller als r^{-2} abfällt, existiert immer ein endlicher Wirkungsquerschnitt. Hier wirkt sich auch die Unschärferelation der Quantenmechanik aus. Ist nämlich die Ablenkung eines Teilchens kleiner als ein bestimmter Mindestwinkel Θ_c, so kann wegen der Unschärfe in der Teilchenbewegung nicht mehr unterschieden werden, ob eine solche Ablenkung vorliegt oder nicht. Nach Massey und Mohr |Mas 33| ist

$$\Theta_c \approx \frac{\lambda}{2r_o} = \pi \frac{\hbar}{\mu v r_o} \tag{82}$$

λ ist die Broglie-Wellenlänge, μ die reduzierte Masse, v die Anfangsgeschwindigkeit und r_o eine charakteristische Dimension, gewöhnlich der Abstand der größten Annäherung. Dieser Winkel ist im allgemeinen klein, in den meisten Fällen der Stöße zwischen Gasatomen maximal einige Grad, hat aber auf jeden Fall einen endlichen Wert, was zum Vorhandensein eines endlichen Streuquerschnitts führt. Wäre die klassische Theorie richtig, würde der experimentell bestimmte Wirkungsquerschnitt vom Winkelauflösungsvermögen der Apparatur abhängen. Zu einer vertieften Betrachtung der Beziehung zwischen den quantenmechanischen und den klassischen Formeln für die verschiedenen Streuvorgänge soll auf die ausführlichen Darstellungen z.B. bei |x Mo 65|, |x Bat 62|, |x Chi 74| hingewiesen werden.

Wesentlich kommt es bei den Streuvorgängen auf das Verhältnis von λ/a an. Ist $\lambda \ll a$, kann man erwarten, daß die Wellennatur noch keine wesentliche Rolle spielt, daß man also noch mit den klassischen Vorstellungen auskommt. Allerdings muß der Streuwinkel Θ größer als Θ_c sein. Ist $\Theta > \Theta_c$, erklärt die quantenmechanische Theorie auch die Oszillationen der Streuintensitäten um den klassischen Wert, die mit einem hohen Winkelauflösungsvermögen beobachtet worden sind. Für $\lambda < a$ ist für $\Theta > \Theta_c$ der quantenmechanische totale Streuquerschnitt größer als der klassische. Wie die Figur 3.4 zeigt, wird er mit $\sigma_{tot} = 2\pi a^2$ doppelt so groß wie der klassische für harte Kugeln.

Ist $\lambda \gg a$, so ist die klassische Mechanik nicht mehr anwendbar. σ_{tot} geht für große λ zum Grenzwert $4\pi a^2$.

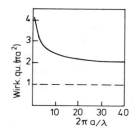

Fig. 3.4. Vergleich des klassischen (----) und des quantenmechanischen (——) totalen Streuwirkungsquerschnitts als Funktion von λ/a, nach |Mas 68|.

Wenn man beachtet, daß λ für Teilchen bei Zimmertemperatur z.B. im Falle der Ne-Atome bei etwa $4 \cdot 10^{-9}$ cm liegt, während a von der Größe 10^{-8} bis 10^{-7} cm ist, versteht man, daß für die Streuprozesse gerade bei kleineren Winkeln die quantenmechanischen Effekte das Erscheinungsbild bestimmen. Die experimentelle Erfassung der quantenmechanisch vorhergesagten Effekte im Streuverhalten erfordert daher hohe Anforderungen an die Meßapparatur. Andererseits ist von den genaueren Messungen eine bessere Kenntnis über den Verlauf des anziehenden Bereichs des Wechselwirkungspotentials $U(r) \sim r^{-s}$ zu erwarten. Da für die Zusammenstöße zwischen Gasatomen für den Bereich der Zimmertemperatur die Van der Waals-Kräfte dominierend sind, kann man dabei den Wert s = 6 erwarten. Für Stöße mit Molekülen kann s auch andere Werte annehmen.

3.2.3. Resultate experimenteller Untersuchungen

3.2.3.1. Energien im keV-Bereich

Sieht man von den älteren Untersuchungen der 30er Jahre ab, so muß man zunächst auf die in den 40er Jahren begonnenen Experimente mit neutralen Strahlen bei Energien bis zu einigen keV hinweisen, für die eine von Amdur und Mitarbeiter |Am 43| entwickelte und später mehrfach verbesserte Apparatur richtungsweisend war. In dieser wurden positive Ionen aus einer geeigneten Ionenquelle zum Teil in Richtung auf einen Kanal (0,5 mm Ø und 2 mm Länge) fokusiert, in dem durch Stöße mit Gasatomen Umladungen (ohne nennenswerte Energieverluste) stattfinden können. Dann gelangen sie in einen Bereich mit niedrigem Druck und können schließlich in Wechselwirkung mit Gasatomen der gewünschten Sorte treten.

(noch restlich verbliebene Ionen werden hinter dem Kanal durch
ein Kondensatorfeld ausgelenkt). Sie treffen auf einen Detektor
(thermische Detektoren in Form von Thermosäulen oder -elementen)
mit einer Winkelöffnung von 3-4° im Schwerpunktsystem. Es wurde
die Schwächung der Strahlintensität in der genannten Strahlaus-
weitung, also ein integraler Streuquerschnitt als Funktion der
Teilchengeschwindigkeit gemessen, bei dem die Streuereignisse
mit Ablenkungswinkeln größer als einem aus der Detektoröffnung
hervorgehenden effektiven Streuwinkel Θ_o erfaßt wurden, also

$$\sigma(\Theta_o) = 2\pi \int_{\Theta_o}^{\pi} \sigma(\Theta) \sin\Theta d\Theta \quad . \tag{83}$$

Der totale Wirkungsquerschnitt wäre durch Verringerung der Detektoröffnung ($\Theta_o \to 0$) zu erreichen. Es ist aber auch schon sinnvoll,
mit $\sigma(\Theta_o)$ zu rechnen, da für $\Theta > \Theta_c$ klassische Betrachtung er-
laubt sind. Für die hier vorliegenden Verhältnisse ist aber
sicher $\Theta_o > \Theta_c$.

Bei den genannten Energien im keV-Bereich kann man bei den
Stößen zu kleineren Abständen vordringen, also auch den abstoßenden Teil der Potentiale erfassen. Die Ergebnisse wurden daher an
Hand der von Kennard |x Ke 38| und von Massey und Mohr |Mas 33|
entwickelten Theorie unter Verwendung von Streupotentialen für
den abstoßenden Bereich der Art

$$U(r) = A \exp(-ar) \text{ oder auch } U(r) = C \cdot r^{-n} \tag{84}$$

interpretiert. Sie lieferten Aussagen über Potentialverläufe in
jeweils beschränkten Abstandsbereichen (A, C, a und n sind hier-
für empirisch ermittelte Konstanten), beispielsweise zwischen
0,28 Å und 0,70 Å für die Streuung von H an H_2 oder 0,97 Å bis
1,48 Å für die Streuung von He an He. n erwies sich dabei be-
trächtlich vom Abstand abhängig mit Werten von 5 bis 10. Figur
3.5 zeigt eine Messung von Amdur und Mitarbeitern |Jo 67| für den
integralen Streuquerschnitt für He-Ne Stößen für Energien bis 2 keV.
Eine Fortentwicklung der Apparatur führte zu wesentlich verbes-
serter Energieauflösung und der Erfassung der gestreuten Teilchen
bei verschiedenen Streuwinkeln. In diesem Zusammenhang soll auf
die große Zahl von Untersuchungen hingewiesen werden, bei denen
auch die Streuung von Edelgasionen bei Energien bis zu 60 keV ge-

messen wurde. Bei diesen Energien kommt man auf Atomabstände von
etwa 10^{-2} Å heran. Eine Zusammenstellung dieser älteren Untersuchungen und vieler Ergebnisse lieferten Mason und Vanderslice
|oMa 62|. Es sind dort auch Daten über die Potentialfunktionen
in den oben erwähnten Abstandsbereichen, insbesondere für Stöße
von H und Edelgasatomen zusammengestellt.

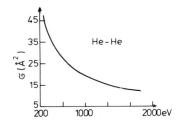

Fig. 3.5. Totale He-He-Streuquerschnitte für Energien bis
2 keV, nach |Jo 67|.

3.2.3.2. Niedrige Energien

In den 60er Jahren setzte eine beinahe stürmische Entwicklung der
Physik der Streuprozesse für den Bereich niedriger, insbesondere
thermischer Energien ein. Nach Verbesserung der Vakuum-Einrichtungen und Detektoranordnungen konnten z.B. Winkelverteilungsmessungen mit hoher Auflösung in größeren Winkelbereichen durchgeführt werden. Zur Beschränkung der thermischen Energieverteilung
im Bereich niedriger Energien konnten die schon erwähnten geschwindigkeitsselektierenden Vorrichtungen herangezogen werden.
Gleichzeitig standen nun auch genauere theoretische Resultate
über die Potentialkurven für den anziehenden Bereich zur Verfügung, wobei der Vergleich mit den Meßresultaten wiederum zu Verbesserungen in den genauen Zahlenwerten führten. Vorteilhaft
wurde die Methode der gekreuzten Strahlen eingesetzt, welche vor
allem das Stoßvolumen besser festzulegen gestattete. Figur 3.6
zeigt das schematische Diagramm für ein solches Kreuzstrahlexperiment. Die neueren Apparaturen enthalten noch einen Geschwindigkeitsselektor in einem der beiden primären Strahlengänge.

Die Entwicklung kann man z.B. dem Bericht von Pauly und Toennies
|oPa 65| entnehmen, in dem auch die quantenmechanische Theorie

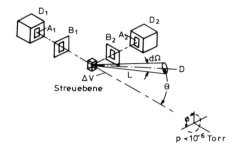

Fig. 3.6. Schematisches Diagramm der Geometrie eines Kreuzstrahlexperiments, nach |oToe 74|. A_1, A_2 Molekularstrahlöfen; B_1, B_2 Blenden; ΔV definiertes Reaktionsvolumen; D Detektor (A_D).

der Streuprozesse dargestellt wird. Der Interpretation wird in einer einfachen Darstellung häufig ein Potential der Form

$$U(r) = \frac{6\varepsilon}{n-6} \left| \left(\frac{r_m}{r}\right)^n - \frac{n}{6} \left(\frac{r_m}{r}\right)^6 \right| \quad \underline{\text{(Leonard-Jones-Potential)}} \quad (85)$$

zugrunde gelegt. ε und r_m sind die bereits in Figur 3.2 eingetragenen Größen. Meist wird n = 12 gewählt. Man geht also von einer rasch abfallenden starken Abstoßung und einer schwachen Van der Waals'-Anziehung bei großen Abständen aus. Bei den Stößen z.B. von Edelgasatomen mit thermischer Energie werden nur die schwachen Anziehungen erfaßt. Gerade für diesen Bereich sind in den letzten 20 Jahren eine große Anzahl von Resultaten gewonnen worden, von denen aber nur einige vorgebracht werden können.

3.2.3.3. Messungen bei niedrigen Streuwinkeln; Bestätigung des r^{-6}-Potentials |Ro 62|

Nach der klassischen Theorie erwartet man für kleine Streuwinkel, die aber noch außerhalb des Grenzwinkels für die Anwendbarkeit der klassischen Theorie liegen, eine Winkelabhängigkeit der Streuintensität gemäß

$$I(\Theta) \sim \Theta^{-(s+1)\cdot 2/s} \quad , \tag{86}$$

für s = 6 also $\sim\Theta^{-7/3}$.

Diese Abhängigkeit ist für Winkel etwa oberhalb 1° im Schwerpunktsystem bestätigt worden. Figur 3.7 zeigt exemplarisch Meßergebnisse für die Streuung von K-Atomen an Xe nach Pauly und Helbing |Hel 64| bei einer Relativgeschwindigkeit von 606 m s^{-1}. Die Messung läßt auch erkennen, bis zu welchem Winkel der differentielle Wirkungsquerschnitt mit Hilfe der klassischen Mechanik beschrieben werden kann.

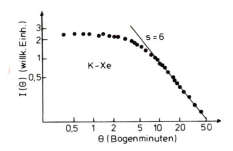

Fig. 3.7. Winkelabhängigkeit der Streuung von K-Atomen an Xe bei kleinen Winkeln, für v = 606 m·s^{-1}, nach |Hel 64|, |oPa 65|.

Für kleinere Winkel, für die die klassische Theorie zu einem physikalisch nicht sinnvollen hohen Wert für die Streuintensität führt, muß die quantenmechanische Theorie herangezogen werden, die dort zu endlichen Werten für I(Θ) führt (s. hierzu |oPa 65|.

Für die Geschwindigkeitsabhängigkeit des totalen Streuquerschnitts für Streuung durch ein $\sim \frac{C}{r^s}$-Potential gilt die Beziehung

$$\sigma_{tot} = p(s) \cdot (\frac{C}{\hbar \cdot v})^{\frac{2}{s-1}} \quad , \tag{87}$$

wobei C eine Konstante und p(s) ein numerischer Faktor ist. Für

$s = 6$ ergibt sich eine v-Abhängigkeit mit $v^{-2/5}$. Die Meßresultate bestätigen diese Formel, wie die Figur 3.8 für die Streuung von langsamen K-Atomen an N_2 zeigt |Ro 62|. Dabei ist auch der Kurvenverlauf mit angegeben, den eine Abhängigkeit mit $s = 5$ oder $= 7$ zur Folge hätte.

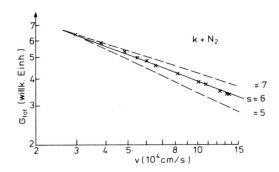

Fig. 3.8. Streuung langsamer K-Atome an N_2, Messung des totalen Wirkungsquerschnitts und Bestätigung der r^{-6}-Abhängigkeit, nach |Ro 62|.

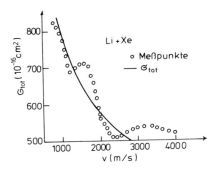

Fig. 3.9. Totaler Wirkungsquerschnitt für die Streuung von Li-Atomen (im eV-Bereich) an Xe, nach |Pau 60|.

Schließlich sei darauf verwiesen, daß im Bereich der niedrigen
Energien (eV-Bereich) bei Meßanordnungen mit einer ausreichenden
Geschwindigkeitsselektierung wellenförmige Schwankungen im Kurvenverlauf auftreten, deren Ursache in Interferenzeffekten der
Teilchenwellen zu suchen ist (s. auch Abschn. 3.2.3.7). Als Beispiel zeigt die Figur 3.9 die Streuung von Li-Atomen an Xe |Pau
60|.

3.2.3.4. Winkelverteilung und Regenbogenstreuung

Um Besonderheiten des Verlaufs der Winkelverteilung der Streuintensität zu beschreiben, sollen noch einmal die Flugbahnen von
Teilchen mit verschiedenen Stoßparametern betrachtet werden (Fig.
3.10). Der abstoßende Bereich ist als schraffierter Kreis gekennzeichnet, der von einem anziehenden Bereich umgeben ist. Bei
großen Stoßparametern b kommt es zu einer Anziehung, der Ablenkwinkel ist verhältnismäßig klein. Verringert man b, wird die
Ablenkung größer, schließlich kommen die Teilchen in Bereiche,
wo sich schon die Abstoßung bemerkbar macht. Bei noch kleineren
b wird die Ablenkung fast nur vom abstoßenden Teil des Potentials
bestimmt. Offenbar existiert ein größter Ablenkungswinkel (negativ), in dessen Umgebung recht viele Teilchen auftreten. Man

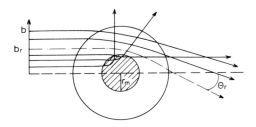

Fig. 3.10. Ausgewählte Flugbahnen und Regenbogenwinkel Θ_r.

spricht wegen der Analogie zu der Erscheinung des optischen Regenbogens von einem Regenbogenwinkel Θ_r, in dem auch ein Maximum der Streuintensität auftritt. Die Beziehung zu den optischen Regenbögen ist von Haberland anschaulich dargestellt worden |oHa 77|. Die zuerwartende Intensitätsverteilung ist in Figur 3.11 noch einmal schematisch dargestellt mit dem Regenbogenmaximum bei b_r und $-\Theta_r$ |oMas 72|.

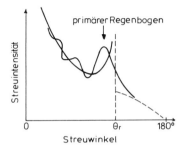

Fig. 3.11. Streuintensität als Funktion des Streuwinkels mit Regenbogenmaximum, schematisch.

Die Theorie zeigt, daß ein Zusammenhang besteht zwischen dem Regenbogenwinkel Θ_r und der Potentialtiefe ε:

$$\Theta_r = \frac{a \cdot \varepsilon}{E} \quad . \tag{88}$$

a hängt noch vom genaueren Verlauf des Potentials ab. Experimentell wurde auch bestätigt, daß entsprechend der Theorie Θ_r mit wachsender Teilchenenergie kleiner wird. Die am schönsten ausgeprägten Streuregenbögen sind bei der Streuung von Alkaliatomen an Hg beobachtet worden |oBu 75|. Figur 3.12 zeigt die gemessene Regenbogenstreuung für die Streuung von Na-Atomen an Hg nach Hundhausen und Pauly |Hu 64|. Die zugehörige quantenmechanische Berechnung mußte berücksichtigen, daß nach der Figur 3.11 mehrere verschiedene Stoßparameter zum praktisch gleichen Ablenkungswinkel führen können. Das führt dazu, daß die gezeigten Kurven noch von schnellen Oszillationen überlagert sind. Der recht schwierige Nachweis hierfür ist dann auch von Pauly und Mitarbeiter |Ba 66| mit einer entsprechend verbesserten Apparatur geliefert worden. Sie hängen im wesentlichen damit zusammen, daß die De Broglie-

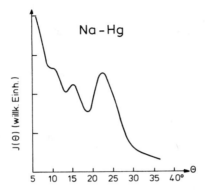

Fig. 3.12. Regenbogeneffekt bei der Streuung von Na-Atomen an Hg, nach |Hun 64|.

Wellenlängen der stoßenden Teilchen ($\lambda \approx 10^{-9}$ cm) noch etwas kleiner sind als die Abmessungen der Atome, aber doch diesem Bereich nahe kommen.

3.2.3.5. Glorieneffekte

Glorieneffekte, wie sie in der Lichtoptik gelegentlich als "Strahlenkranz"-Phänomene aus der Streuung genau in Vorwärts- und Rückwärtsrichtung in der unmittelbaren Umgebung eines Schattens auftreten, sind auch bei den Untersuchungen über die Streuung von Atomen in der Geradeaus-Richtung gefunden worden |oMa 71|, |oMas 72|. An einigen der in der Figur 3.13 exemplarisch ausgewählten Teilchenbahnen erkennt man, daß hier eine

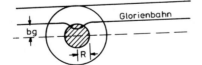

Fig. 3.13. Einige Flugbahnen zur Erklärung der Glorienstreuung.

Interferenzerscheinung, diesmal in der Geschwindigkeitsabhängigkeit des Wirkungsquerschnitts in der 0°-Richtung ausschlaggebend ist. Die Wellen können je nach ihrem Phasenunterschied, der auf den etwas unterschiedlichen Bahnverlauf zurückzuführen ist, interferieren. Dieser Effekt hängt von der Bahngeschwindigkeit ab. Man findet daher bei veränderlicher Teilchengeschwindigkeit abwechselnd Verstärkung und Abschwächung, also eine entsprechende Schwankung im Verlauf des totalen Wirkungsquerschnitts, wie sie z.B. auch in der Figur 3.9 zu erkennen ist. Auch ausführliche Messungen über Stöße von K-Atomen an Edelgasen |Ba 66| haben diesen Effekt deutlich gezeigt. Aus den Abständen der Glorieninterferenzmaxima lassen sich Schlüsse auf den Betrag von ε ziehen. Eine verhältnismäßig gute Anpassung konnte mit den Werten

$$\varepsilon = 10 \cdot 10^{-3} \text{ eV für K + Xe}$$
$$8,1 \quad \text{eV} \quad \text{K + Kr}$$

unter Zugrundelegung eines Lenard-Jones-Potentials erreicht werden (s. hierzu auch |oToe 74|).

3.2.3.6. Regenbogeneffekt bei Streuung von Ionen

Der Regenbogeneffekt ist auch bei der Streuung langsamer Ionen an Atomen zu erwarten. Im Falle der Ion-Atom-Streuung ist der Potentialtopf meist tiefer und weiterreichend als bei der Wechselwirkung zwischen neutralen Teilchen. Für die Anziehung ist vor allem das im neutralen Teilchen induzierte elektrische Dipolmoment maßgeblich. Die Potentialtiefe beträgt nun meist einige eV. Die Auswertung der Meßkurven für den differentiellen Wirkungsquerschnitt gibt wieder die Möglichkeit, den Kurvenverlauf für das jeweilige Potential mit gerechneten Kurven zu vergleichen. Die Figur 3.14 gibt ein Beispiel einer Streuung von H^+ an Kr nach Untersuchungen von Henglein und Mitarbeitern |Mi 71| für eine Laborenergie der Protonen von 30,3 eV. Die Kurve liefert für eine Morse-Potential eine Potentialtiefe von $\varepsilon = 4,45-4,50$ eV und ein r_m von 1,41-1,47 Å (s. Fig. 3.15).

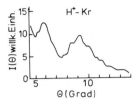

Fig. 3.14. Regenbogeneffekt bei der Streuung von H$^+$-Ionen an Kr, nach |Mi 71|.

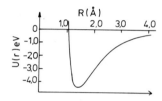

Fig. 3.15. Aus der Fig. 3.14 ermittelter Potentialverlauf für die H$^+$ + Kr-Streuung.

3.2.3.7. Differentielle Wirkungsquerschnitte bei Ion-Atom-Stößen im 0,1-1 keV-Bereich

Die Messung differentieller Wirkungsquerschnitte von Stößen von Ionen auf Atome ist experimentell deswegen schwierig, weil die Intensität zu größeren Streuwinkeln hin rapide abnimmt. Neuere und verbesserte Apparaturen, die eine gute Winkelauflösung und zudem noch eine massenspektrometrische Trennung der Ionen nach dem Streuvorgang - z.B. zur Abtrennung mehrfach geladener Ionen - ermöglichen, erforderten einen beträchtlichen technischen Aufwand. Recht eindrucksvoll sind z.B. die Ergebnisse von Stößen von He$^+$ auf He bei Energien von einigen hundert eV. Die Winkelabhängigkeit des Wirkungsquerschnitts (Figur 3.16) zeigt ausgeprägte Oszillationen |Ab 65|. In ähnlicher Weise sind sie z.B. auch für Ar$^+$ + Ar gemessen worden. Sie sind wieder auf Interferenzeffekte zurückzuführen. Bei Annäherung des Ions an das Atom können für die genannten Fälle 2 verschiedene Konfigurationen des Systems Ion + Atom auftreten mit etwas verschiedenen Streupotentialen und entsprechend verschiedenen Streuwellenfunktionen. Dazu kommt, daß neben der elastischen Streuung auch eine Ladungsübertragung stattfinden kann. Beide Effekte zusammen geben Anlaß zu den beobachteten Oszillationen. Eine Darstellung der Theorie hierzu findet man z.B. bei Massey |oMas 72|.

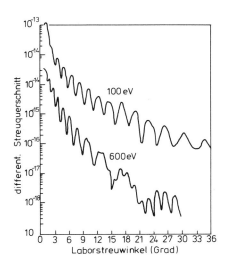

Fig. 3.16. Oszillationen im differentiellen Wirkungsquerschnitt für die elastische Streuung von He⁺ an He bei verschiedenen Energien |Ab 65|.

3.3. Stöße im keV- bis 1 MeV-Energiebereich

Bei den Stößen von geladenen oder neutralen Teilchen höherer Energie (etwa 1 keV bis 1 MeV) mit Gasatomen ist die Zahl der mögliche Prozesse groß. Es spielen die unelastischen Stoßprozesse der Anregung und Ionisation der stoßenden, sowie der Target-Atome die wichtigste Rolle. Insbesondere wegen der vielen

Möglichkeiten der Bildung angeregter Zustände gibt es viele Arten von nebeneinander auftretenden Prozessen, selbst wenn man sich darauf beschränkt, daß sich die Stoßpartner zunächst jeweils in ihrem Grundzustand befinden. Eine Rolle spielen auch die Prozesse des einfachen oder mehrfachen Elektroneneinfangs beim Durchgang durch Gase, bei denen die Stoßpartner ebenfalls wieder in angeregten Zuständen entstehen können. Von der Vielzahl der Prozesse sollen hier nur einige exemplarische Ergebnisse genannt werden. So zeigt die Figur 3.17 als ein solches die gemessenen Wirkungsquerschnitte für Stöße mit Elektroneneinfang von zweifach geladenen He-Ionen mit Argonatomen. Zum weiteren Studium soll auf

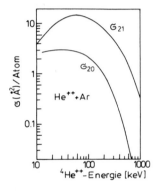

Fig. 3.17. Elektroneneinfangsprozesse bei Stößen zweifach-geladener He-Ionen mit Argonatomen, nach |Bay 69|.

|oMas 72| und |oTa 73| hingewiesen werden.

3.3.1. Totaler Wirkungsquerschnitt bei Stößen von H-Atomen und Protonen mit Gasatomen

Den Stößen von H-Atomen und Protonen mit Gasatomen im oben genannten Energiebereich sind in den 50er und 60er Jahren viele experimentelle Untersuchungen und zahlreiche theoretische Arbeiten |x Mas 74|, |x Map 72|, |x Ba 62| gewidmet worden. Ein einfacher Vorgang ist die Anregung beim Stoß zwischen 2 Wasserstoffatomen (A und B).

$$H(1s \mid A) + H(1s \mid B) \rightarrow H(nl \mid A) + H(1s \mid B) \text{ oder}$$
$$\rightarrow H(nl \mid A) + H(n'l' \mid B) \quad . \tag{89}$$

Der für solche Prozesse theoretisch vorhergesagte Verlauf des totalen Wirkungsquerschnitts mit der Teilchenenergie ist für alle derartigen Prozesse typisch und in Figur 3.18 nach Rechnungen von Bates |x Ba 62| aufgetragen. Experimentell wurden

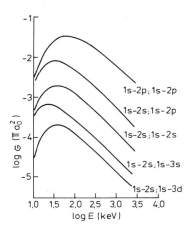

Fig. 3.18. Totaler Wirkungsquerschnitt für verschiedene Anregungen von H-Atomen bei H+H-Stößen im Energiebereich keV bis 1 MeV, nach |x Ba 62|.

u.a. Meßresultate von Stößen von H-Atomen mit Ionisation von Edelgasen gewonnen, die in Figur 3.19 zusammengestellt sind |Gr 71|, |oTa 73|.

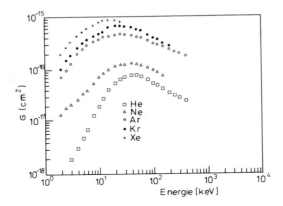

Fig. 3.19. Energieabhängigkeit der totalen Wirkungsquerschnitte für Stöße von H-Atomen mit Edelgasatomen H+A → H+A$^+$+e, nach |Gr 71|.

Figur 3.20 zeigt die Verhältnisse für den Fall, daß nun das Projektil ionisiert wird.

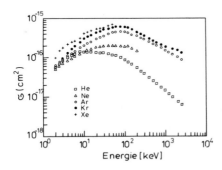

Fig. 3.20. Energieabhängigkeit der totalen Wirkungsquerschnitte für den Fall H+A → p+A+e, nach |Gr 71|.

Zum Vergleich zeigt die Figur 3.21 die totalen Wirkungsquerschnitte für die Ionisation von Edelgasen durch Protonen. Diese Kurven sind offensichtlich im Zusammenhang mit der Ionisation

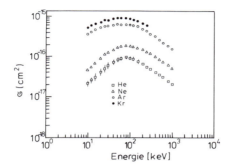

Fig. 3.21. Totale Wirkungsquerschnitte für die Ionisation von Edelgasatomen durch Protonen, p+A → p+A$^+$+e, nach |Gr 71|.

bei Elektronenstoß zu sehen (vergl. Fig. 2.25). Die Wirkungsquerschnitte für Anregung und Ionisation haben für Protonen und Elektronen für die höheren Energien einen ähnlichen Verlauf, d.h. $\sigma_p(E_p) \approx \sigma_e(E_e)$, wenn man die Resultate auf jeweils gleiche Geschwindigkeiten bezieht, d.h. wenn man E_p und $\frac{m_p}{m_e} E_e$ vergleicht. Es kommt also auf die Geschwindigkeiten an, mit der die Ladungen bewegt werden.

Wie aus den Figuren hervorgeht, steigen in allen Fällen die totalen Wirkungsquerschnitte aus dem Bereich niedriger Energien zunächst steil mit der Energie an und zeigen ein breites Maximum im Energiebereich 10-100 keV mit einem Wirkungsquerschnitt vom Betrag etwa des gaskinetischen Querschnitts. In den vielfältigen theoretischen Arbeiten wird gezeigt, daß der Abfall bei höheren Energien recht gut mit Hilfe einer ursprünglich von Born gelieferten Betrachtung verstanden werden kann. Dabei spielt die Geschwindigkeit der stoßenden Teilchen in Bezug zur Bahngeschwindigkeit des Bahnelektrons im H-Atom

$$v_H = \frac{e^2}{4\pi\varepsilon_0 \hbar} \quad (2,2\cdot 10^6 \text{ m/s, entsprechend einer Protonen-energie von 25 keV)}$$

eine Rolle. Für $v \gg v_H$ kommt man zu einer Abhängigkeit für den Wirkungsquerschnitt von der Form

$$\sigma = A\cdot Z^2 \frac{M}{Z} \ln \frac{B\cdot E}{M} \quad . \tag{90}$$

wobei Z die Ladung des stoßenden Teilchens, M seine Masse, E seine Energie und A und B Konstanten sind (s. |x Mas 69|).

3.3.2. Entstehung angeregter Zustände und von Ionisation bei Stößen von Ionen mit Atomen

Hier sollen Vorgänge besprochen werden, bei denen die kinetische Energie der stoßenden Ionen wesentlich größer ist als die Änderung der inneren Energie des Systems beim Stoß, und zwar soll sein

$$Q \ll E_{kin} \ll \frac{\mu}{2} v_0^2 \tag{91}$$

wobei µ die reduzierte Masse des Systems ist und v_0 die Bahngeschwindigkeit der angeregten Elektronen im Sinne der Borschen Theorie. $\frac{\mu}{2}\cdot v_0^2$ liegt im Bereich von 10 keV. Dabei kommen die folgenden Prozesse in Betracht

$$\begin{aligned} A + B &\to A^+ + B^* + e \\ &\to A^* + B^+ + e + Q \\ &\to A + B^{+*} + e \end{aligned} \tag{92}$$

, also sowohl der Anregung, als auch der Ionisation des Targetatoms.

Zunächst sollen Prozesse der optischen Anregung durch Stöße mit Protonen betrachtet werden, z.B.

$$H^+ + He (1^1S) \to H^+ + He^* \quad . \tag{93}$$

Figur 3.22 zeigt die Energieabhängigkeit für die Anregung einiger Zustände (n = 3, l = 0,1,2). Die $3P^1$-Anregung ist bei höheren Energien besonders groß, weil hier ein optisch erlaubter Dipolübergang zum 1^1S-Zustand möglich ist. Der Kurvenverlauf bei diesen Prozessen entsprach im wesentlichen der Erwartung einer

allmählichen Zunahme des Wirkungsquerschnitts mit der Energie
bis zu einem Maximum bei etwa 100 keV und einer Abnahme zu größeren Energien hin.

Auf der Grundlage halbklassischer Argumente hat Massey 1949
|oMas 49|, |oBat 78| ein Maximum für die Wirkungsquerschnitte

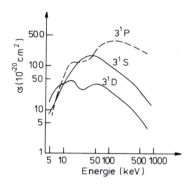

Fig. 3.22. Wirkungsquerschnitte für die Anregung von
n=3-Zuständen von He bei Stößen von H$^+$
auf He, nach |B 68|, |Tho 67|, |Sch 69|.

solcher Prozesse für eine Teilchengeschwindigkeit v_{max} berechnet,
die sich ergibt aus der Beziehung

$$\frac{a}{v_{max}} \cdot \frac{\Delta E}{\hbar} \sim 1 \text{ (Massey'sches Kriterium)} \qquad (94)$$

Dabei ist ΔE die niedrigste Änderung in der potentiellen Energie
des Systems vor und nach dem Stoß, a eine charakteristische Länge.
Aus einer größeren Zahl von Untersuchungen hat sich ergeben, daß
a bei 3-8 Å liegt. Im Falle der Figur 3.22 liegen die Maxima bei
50 keV, 125 keV, 60 keV, wobei die Existenz weiterer Maxima bei
niedrigeren Energien noch keine Erklärung findet.

Viele Untersuchungen sind mit He$^+$-oder schwereren Ionen im gleichen Energiebereich durchgeführt worden. Wieder wurde die Inten-

sität der bei der Anregung emittierten Photonen registriert. Hierfür zeigt Fig. 3.23 exemplarisch für viele Resultate die Anregung einer Ne-Linie |Is 74|

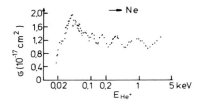

Fig. 3.23. Anregung von Ne (λ = 736 und 744 nm) bei Stößen von He$^+$ auf Ne, nach |Is 74|.

und Figur 3.24 eine Linie des Argonions aus dem Prozess einer Ionisation mit gleichzeitiger Anregung

$$He^+ + Ar \rightarrow He + Ar^{+*} \; (4\, p^2 \; ^0P_{3/2}) - 11 \; eV$$

$$Ar^{+*} \rightarrow Ar^+ + 4675 \; \overset{\circ}{A}$$

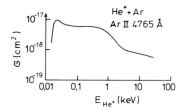

Fig. 3.24. Anregung von Ar$^+$ bei Stößen von He$^+$ auf Ar, nach |Ja 67|.

Es soll noch besonders auf das Auftreten der Intensitätsoszillationen im Falle der Figur 3.23 hingewiesen werden. Sie sind auch in vielen anderen Fällen beobachtet worden.

Überraschend bei diesen Befunden war, daß die Wirkungsquerschnitte für die Stöße mit He$^+$ nicht etwa, wie nach den Ergebnissen mit Protonen erwartet, allmählich mit wachsender Energie zunehmen, um nach einem Maximum dann wieder abzunehmen, sondern schon bei niedrigen Stoßenergien die größten Werte zeigen.

Offenbar können die Besonderheiten der Kurven und die Lage der Maxima nicht befriedigend durch das Massey-Kriterium erklärt werden. Zur Erklärung wurde in den 60er Jahren das Modell der kurzzeitig auftretenden quasi-molekularen Zustände des Systems aus den beiden stoßenden Teilchen herangezogen. An Hand der Figur 3.25 kann der Ablauf des Stoßprozesses, der z.B. zur Anregung eines Stoßpartners gemäß A + B → A* + B führt, folgendermaßen beschrieben werden: Das System der Teilchen A + B bewegt sich im Eingangskanal längs der Potentialkurve von (1), aus großer Entfernung kommend, zu kleineren Abständen. Im Bereich eines Abstandes R_c ist es dabei nahe an die Potentialkurve des Systems A* + B herangekommen. Der unelastische Streuprozess kann nun so verlaufen, daß das System A + B sich entweder längs Kurve (2) bewegt und

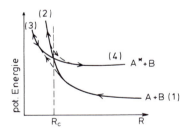

Figur 3.25. Kreuzung von Potentialkurven für Systeme aus 2 Teilchen A + B und A* + B; diabatische und "vermiedene" Kreuzungen im Bereich R_c.

die Kurve für das System A* + B kreuzt (diabatische Kurvenkreuzung) oder mit einer gewissen Wahrscheinlichkeit nach (3) einschwenkt ("vermiedene" Kurvenkreuzung). Beim Auseinanderlaufen der Teilchen des Systems gibt es noch einmal eine Wahrscheinlichkeit, daß das System aus (2) oder aus (3) in den Ausgangskanal (4) der Potentialkurve für A* + B einschwenkt, d.h. daß das anfängliche System A + B nach dem Stoß mit einer gewissen Wahrscheinlichkeit in einen Zustand mit Anregung von A* übergegangen ist (unelastische Streuung).

Entsprechend dieser Betrachtung muß man zwei (komplexe) Streuamplituden unterscheiden, die eine für den Ablauf (1) → (2) → (4) und eine weitere für (1) → (3) → (4). Die Phasendifferenzen zwischen diesen hängen vom Verlauf der Wechselwirkungspotentiale längs der beiden Wege ab. Die Interferenzen dieser Streuamplituden sind dann für die Oszillationen in den Streuintensitäten verantwortlich (vergl. auch Fig. 3.16).

Im Hinblick auf die Aussage des Massey-Kriteriums hat dieser Mechanismus der "Pseudo-Kreuzung" der Potentialkurven die Auswirkung, daß für ΔE nicht mehr wie bisher die Anregungsenergie von A* eingesetzt werden kann, die aus dem Abstand der beiden Potentialkurven in Figur 3.25 bei großen Entfernungen R hervorgeht. Dies führt zu einem geringeren Wert für $a' \cdot \Delta E$ in der Formel (94), und damit, wie die Theorie weiterhin zeigt, zu einem großen Wirkungsquerschnitt bei erheblich niedrigeren Stoßenergien.

Die grundlegende Theorie für die in dem Bereich um R_c diabatisch erfolgenden Übergänge und ihre Wahrscheinlichkeiten ist schon von Landau, Zener und Stückelberg aufgestellt und im Hinblick auf den hier vorliegenden Anwendungsbereich von Bates (s. z.B. |x Bat 62|, ferner auch |x Map 72|, |x Chi 74|, |oDe 81| sowie |oHas 79|) näher ausgeführt worden. Nach der Theorie kann in der Gleichung für die Lage des Maximums des Wirkungsquerschnitts

$$\frac{a' \cdot \Delta E(R_c)}{v_{max} \cdot \hbar} \sim 1 \qquad (95)$$

a' ausgedrücke werden durch

$$a' \sim \frac{\Delta E(R_c)}{\frac{d}{dR}(E_1-E_2)_{R=R_c}}, \qquad (96)$$

wo $\Delta E(R_c)$ die Energiedifferenz bei der Kreuzung, $\frac{d}{dR}(E_1-E_2)_{R=R_c}$ die Differenz der Steigungen der beiden Potentialkurven in der Nähe des Kreuzungspunktes ist. Wie die weitere Betrachtung zeigt, läßt die experimentelle Bestimmung der Geschwindigkeit im Maximum Aussagen über a' und $\Delta E(R_c)$ zu.

Als Beispiel führt die Auswertung der in Figur 3.24 gezeigten Kurven für die Entstehung und Anregung eines Ar-Ions (Emission der Linie 4765 Å) mit dem Maximum des Wirkungsquerschnitts bei etwa 20 eV auf ein $\Delta E(R_c)$ von nur 0,9 eV bei a' = 0,09 Å, während man nach der Reaktions-Beziehung (94) mit ΔE = 11 eV und a $\approx$ 3 Å ein Maximum bei 13,5 keV hätte erwarten müssen |Ja 67|.

Die Theorie der "Pseudo-Kreuzung" von Potentialkurven führt zu dem Ergebnis, daß die Wahrscheinlichkeit für diabatisches Verhalten p_D beschrieben werden kann durch

$$p_D = \exp(-\eta/v_r) \quad . \tag{97}$$

v_r ist die radiale Geschwindigkeit der stoßenden Teilchen und

$$\eta = \frac{2\pi}{\hbar} \cdot \frac{|h_{ik}(R_c)|^2}{\Delta F_{R_c}} \quad . \tag{98}$$

$h_{ik}(R_c)$ ist das Kopplungsmatrixelement bei der Pseudokreuzung und ΔF_{R_c} die Differenz der Gradienten der beiden Potentialkurven im Bereich R_c.

$1-p_D$ ist die Wahrscheinlichkeit für den Übergang von dem einen in den anderen Zustand bei einer einzigen Kreuzung. Da bei einem Stoßvorgang der Kreuzungsbereich zweimal durchlaufen wird, ist die Wahrscheinlichkeit für einen Übergang von einem in den anderen Zustand

$$p = 2 p_D(1-p_D) \quad . \tag{99}$$

Diese Formel wird als Landau-Zener-Formel bezeichnet (s. z.B. |x Bat 62|).

Zusätzlich zur optischen Spektroskopie konnte zur Untersuchung der Ionisierungs- und Anregungsprozesse bei langsamen Stößen schwerer Ionen (im Energiebereich von wenigen keV) auch die Elektronenspektroskopie herangezogen werden. Zahlreiche Messungen sind z.B. mit He^+- und Ne^+-Ionen bei Stößen auf schwerere Edelgase durchgeführt worden |Ge 72, 73|, |oMo 78|. Die beobachteten Elektronenspektren zeigten diskrete Energien und einen kleinen Anteil an kontinuierlichen Energien. Die Analyse stützt sich wieder auf die oben aufgeführte Theorie der diabatischen Übergänge bei vermiedenen Kreuzungen von adiabatischen Potentialkurven. Die diskreten Elektronenenergien weisen auf Ionisationen hin, und zwar infolge von Autoionisation bei einem oder auch bei beiden Stoßpartnern, wenn die Autoionisation erst bei großen Trennabständen der Stoßpartner erfolgt. Tritt die Autoionisation schon bei kleinen Abständen auf, so enthält die gemessene Elektronenenergie Information über die molekularen Potentialkurven der Zwischenzustände.

3.3.3. Das Fano-Lichten-Modell

Die Theorie der Stoßprozesse mit schwereren Teilchen ist, angeregt durch die zahlreichen experimentellen Resultate, gerade im Hinblick auf die kurzzeitig auftretenden quasimolekularen Zustände rasch weiterentwickelt worden.

Bereits in den 30er Jahren waren Experimente der Ionisation von Edelgasen beim Stoß mit Alkaliionen von Weizel und Beck durch "Elektronen-Promotion" erklärt worden |We 32|. Die Promotionen sollten als Folge von Kreuzungen von MO-Energiezuständen, wie bereits diskutiert, und die Ionisation eine Autoionisation der schließlich wieder getrennten Atome sein. Das heute im Vordergrund stehende "Fano-Lichten-Modell" |Fa 65|, |Li 67| stützt sich auf das von Hund |Hu 27| und von Mulliken |Mu 28| eingeführte molecular orbital- (MO)-Modell, das die Grundlagen für die Theorie der Molekülspektroskopie geliefert hatte. Die Elektronen werden als unabhängige Teilchen betrachtet und die Änderung der Ein-Elektronenenergien im Feld der beiden Kerne als Funktion des Abstandes R berechnet. Solange die Atome weit getrennt sind, findet nur eine schwache Wechselwirkung zwischen den besetzten inneren Schalen und den nicht besetzten äußeren Schalen statt. Bei Annäherung der Teilchen kann es zu starken Wechselwirkungen zwischen den Ein-Elektron-Potentialen für verschiedene Zustände mit einem oder mehreren besetzten Zuständen innerer Schalen kommen. Während des Stoßes kann so ein Elektron als Folge von Kreuzungsvorgängen von einem besetzten in ein nicht besetztes Molekülorbital wechseln und damit eine Leerstelle

in einer inneren Schale hervorrufen ("Elektronen-Promotion").
Wenn die Teilchen sich wieder trennen, finden sich die Elektronen
u.U. in höheren atomaren Zuständen vor. Eine wesentliche Ursache
dieser Elektronen-Promotion ist, daß die Hauptquantenzahl gewisser Molekülorbitale im Grenzfall der zum Molekül vereinigten
Atome größer ist als die der getrennten Atome.

Die erwähnten diabatischen Kreuzungen der Orbitalenergien finden
allerdings nur statt, wenn Parität und Bahndrehimpuls erhalten
bleiben, also wenn

$$s \leftrightarrow s \; ; \; s \leftrightarrow d \; ; \; p \leftrightarrow p \; ; \; p \leftrightarrow f \quad \text{usw.}$$
$$\sigma \leftrightarrow \sigma \; ; \; \pi \leftrightarrow \pi \; ;$$

doch können diese Regeln durch Rotationskopplung der Zustände
gelockert werden, sodaß z.B. auch $2p\pi \leftrightarrow 2p\sigma$-Übergänge stattfinden können. Auch Zwei-Elektronen-Sprünge sind möglich und gemessen worden.

Quantitative Berechnungen sind zunächst für die Ein-Elektron-MO-
Energien als Funktion des Abstands für die einfachen Systeme
$H^+ + H$ oder $He^+ + H$ durchgeführt worden. Als ein herausragendes
Beispiel für Mehr-Elektronen-Systems soll das von Lichten ausgearbeitete "Korrelationsdiagramm" für Stöße gleicher Teilchen am
Falle des Ar+Ar-Systems betrachtet werden |Li 67|. Figur 3.26
zeigt die halbquantitativ gewonnenen Energiezustände der diabatischen Molekülorbitale dieses Systems.

Es wird hier deutlich, wie durch die Anwendung des Elektronen-
Promotions-Modells der Zustand des Quasi-Moleküls in seine Orbital-Konfigurationen aufgelöst werden kann.

Bei großen Abständen sind die Zustände diejenigen des Argonatoms,
bei Kernabstand Null die des "vereinigten" Atoms Krypton. Wenn
sich die Teilchen nähern und dann wieder entfernen, können sich
viele Kurven kreuzen. Allerdings muß beachtet werden, daß bei
niedrigen Energien nur Elektronen äußerer Schalen angeregt werden.
Die Gültigkeit des Elektronen-Promotion-Modells in seiner einfachen Form ist daher noch fraglich. Wie noch zu besprechen ist,
findet das Modell seine Bestätigung insbesondere bei den Stößen
höherer Energie (>> 25 keV), mit der Übertragung höherer Energien

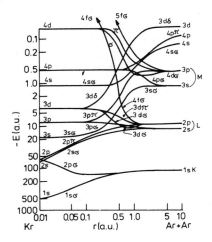

Fig. 3.26. Molekülorbital-Energien nach dem Fano-Lichten-Modell für das System Ar+Ar |Li 67|, (Längen: 1 a.u.=0,53 Å; Energien 1 a.u.= 27,2 eV).

und der Anregung tiefer liegender Schalen (s. 3.3.4.2).

Im Verein mit den genannten Theorien und Modellen hat sich die Physik der Stöße mit schweren Ionen als ein für die moderne Atomphysik höchst interessanter und ergebnisreicher Forschungszweig erwiesen, der in den letzten 10 Jahren durch Einbezug der Verwendung noch wesentlich höherer Energien (bis in den 100 MeV-Bereich) noch stark erweitert worden ist.

3.3.4. Anregung von Röntgenstrahlen bei Stößen von Ionen und Ionisation innerer Schalen

3.3.4.1. Anregung durch Protonen

Es war zu erwarten, daß die Erhöhung der Energie der stoßenden Teilchen zu einem stärkeren Eindringen derselben in die Elektronenhülle der Targetatome und zur Ionisation innerer Schalen, damit zur Emission von Röntgenstrahlen führen mußte. Aus technischen Gründen standen in den früheren Jahren die Untersuchungen mit Protonen im Vordergrund. Diese und ihre Ergebnisse sind z.B. von Merzbacher und Lewis |oMer 58| zusammengesetellt worden. In erster Linie war die Anregung von K- und L-Strahlung gemessen worden. Figur 3.27 zeigt eine typische Kurve für die Röntgenstrahlung aus Kohlenstoff, gemessen an einer dicken Schicht |Kha 65|. Der Meßtechnik kam die Entwicklung von Proportionalzählern zur Messung von Auger-Elektronen und von Si-Halbleiterzähler zur

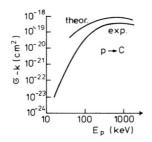

Fig. 3.27. Energieabhängigkeit des Wirkungsquerschnitts für die Anregung von Röntgen-K-Strahlung in Kohlenstoff bei Protonenstoß, nach |Kha 65|.

Messung von charakteristischer Röntgenstrahlung zugute. Die Wirkungsquerschnitte für die Ionisation der K-Schale ergaben sich aus

$$\sigma_{ion,K} = \sigma_K/\omega = \sigma_{Auger} / (1-\omega) \quad , \qquad (100)$$

wobei σ_K und σ_{Auger} die gemessenen Wirkungsquerschnitte für die K-Emission und für Auger-Elektronen-Emission sind. ω ist die Röntgenfluoreszenzausbeute. Vielfach wird für ω_K die Beziehung

$$\omega_K = (1 + \frac{a}{Z^4})^{-1} \qquad (101)$$

verwendet |oFi 66|. Für die theoretische Behandlung kommt es darauf an, daß die Stöße bei Geschwindigkeiten erfolgen, für die

$$\frac{Z_1 Z_2 e^2}{4\pi\varepsilon_0 \hbar \cdot v} \ll 1$$

ist. Z_1 ist die Ladung des Projektils, Z_2 die des Targetatoms, v die Teilchengeschwindigkeit. Dies ist im Falle der Protonen bei höheren Energien erfüllt. Dann kann der Wirkungsquerschnitt sowohl aus einer Theorie für Coulomb-Anregung mit Bornscher-Näherung als auch aus einer klassischen Zweiteilchen-Stoß-Betrachtung (binary-encounter-Modell für Ionisation innerer Schalen, z.B. |oGar 73|) berechnet werden. In diesem Modell wird der ionisierende Stoß zwischen dem Projektil und einem einzelnen "aktiven" Atomelektron betrachtet. Das übrige Atom besorgt nur die Umgebung, in der sich das "aktive" Elektron bewegt. Die Unterschiede der Ergebnisse beider Theorien sind nicht groß. Die BEA-Theorie liefert u.a. einen Zusammenhang zwischen σ_K und der

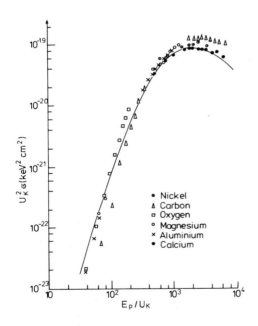

Fig. 3.28. Abhängigkeit der $\sigma_K \cdot U_K^2$ für verschiedene Elemente von der Protonenenergie, nach |Ga 70|.

Ionisierungsenergie der K-Schale U_K. In Figur 3.28 ist die Abhängigkeit von σ_K von E_p/U_K für mehrere Elemente aufgetragen. Die Übereinstimmung ist - bis auf die Werte bei Kohlenstoff - für die berechneten und gemessenen Werte recht gut |Gl 67|, |oBu 79|.

3.3.4.2. Stöße mit schwereren Ionen im keV-MeV-Bereich mit Anregung und Ionisation innerer Schalen

Mit der Entwicklung der Ionenquellen und der Beschleuniger für schwerere Ionen konnten die Untersuchungen in den Bereich höherer Energien (keV bis MeV) ausgedehnt werden. Dabei traten überraschende Erscheinungen auf. Neben den K-Strahlen der Projektil- und der Targetatome wurden Bereiche einer kontinuierlich verteilten weichen Röntgenstrahlung beobachtet, die weder dem einen noch dem anderen Teilchen zugeordnet werden konnten. Außerdem waren die Wirkungsquerschnitte für K- und L-Strahlung um ein mehrfaches höher als für He^+ oder H^+ unter vergleichbaren Bedingungen, d.h. Energie pro Masseneinheit des Projektils, wie die Figur 3.29 für die K-Ionisation des Kohlenstoffs für verschiedene Ionensorten zeigt |De 71|. Offenbar ist der Mechanismus der Inner-Schalen-Anregung und -Ionisation bei Stößen schwerer Atome verschieden von dem der reinen Coulomb-Anregung und Ionisation durch Protonen.

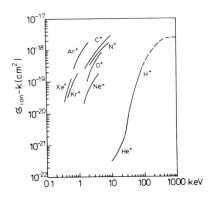

Fig. 3.29. Ionisierung der K-Schale des Kohlenstoffs für Stöße verschiedener Ionensorten als Funktion der Stoßenergie |De 71|.

Dies wird auch aus den gemessenen Wirkungsquerschnitten für die
Emission von L-Strahlung z.B. bei Beschuß von Argon mit verschiedenen schweren Ionen deutlich, die in Figur 3.30 nach Mes-
sungen von Saris |Sa 71| gezeigt werden. Die Schwelle für die
Ar-L-Emission liegt bei 10 keV. Der steile Anstieg im Wirkungsquerschnitt weist darauf hin, daß erst eine kritische

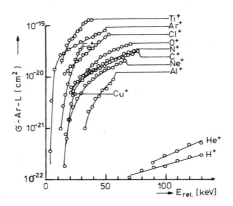

Fig. 3.30. Ionisierung der L-Schale von Argon für
Stöße verschiedener Ionensorten als
Funktion der Energie |Sa 71|.

Entfernung r_c der Kerne erreicht werden muß, bevor die Anregung
oder Ionisation stattfinden kann. Im Bilde des Ar-Ar-Diagramms
der Figur 3.26 bedeutet dies, daß die kinetische Energie groß
genug sein muß, um einen Stoß zwischen zwei Schalen, z.B. einer
M- mit einer L-Schale, oder auch zweier L-Schalen zu bewirken.
Saris hat in einer Analyse seiner Messungen unter Verwendung
eines abgeschirmten Coulomb-Potentials gezeigt, daß man aus dem
Energieschwellenwert den kritischen Mindestabstand für eine
Anregung ermitteln kann, was z.B. an der Figur 3.31 für Stöße
von Ne$^+$ auf Ne ersichtlich ist. Er findet für r_c z.B. für

Ar$^+$ + Ar $r_c \approx 0{,}23$ Å für Ar-L-Emission
Ne$^+$ + Ar $\approx 0{,}11$ "   "
Ne$^+$ + Ar $\approx 0{,}048$ "   Ne-K-Emission.

Hinweise auf eine Röntgenstrahlung, die weder vom Projektil noch vom Targetatom herrühren, sondern von strahlenden Übergängen

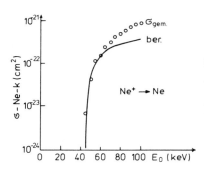

Fig. 3.31. Wirkungsquerschnitt für die Entstehung von Ne-K-Strahlung bei Stößen von Ne-Ionen auf Ne als Funktion der Ne$^+$-Energie, nach |Sa 72|.

zwischen quasi-molekularen Zuständen während eines Stoßes stammen kann, sind z.B. von Saris |Sa 70| bei Stößen mit höheren Energie gefunden worden. Figur. 3.32 zeigt ein typisches Beispiel. Dabei wurden 400 keV-Argon-Ionen auf ein festes KCl Target geschossen. Die Messungen wurden mit einem Si(Li)-Halbleiter-Detektor mit einem 50 µ-Be-Fenster durchgeführt. In der Figur 3.32 ist die Durchlässigkeitskurve für dieses Fenster mit aufgetragen. Man erkennt, daß das ursprüngliche Röntgenspektrum durch das stark wellenlängenabhängige Absorptionsvermögen eines solchen Fensters beträchtlich zu ungunsten der kleineren Energien im Röntgenspektrum verzerrt worden ist.

Neben der Ar -K(2,96 keV)- und den Cl -K(2,62 keV)-Röntgenstrahlen tritt ein breites Kontinuum im Bereich 1-2 keV auf. Mit höherer Energie verschiebt sich das Maximum dieses Bereichs deutlich zu höheren Energien. Die Ar-Ar-Stöße finden hier inner-

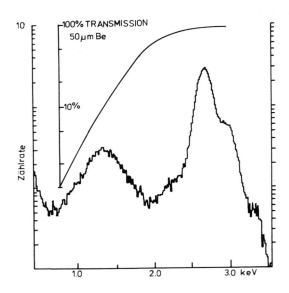

Fig. 3.32. Röntgenstrahlungs-Spektrum bei Stößen von 400 keV-Ar$^+$-Ionen auf KCl, nach |Sa 72|.

halb des Targets statt. Das stoßende Ar-Ion muß mindestens 2 atomare Stöße machen, erstens mit dem Targetatom, wobei ein Loch z.B. in der L-Schale des bewegten Teilchens gebildet wird, zweitens mit einem Argon-Atom, das im Target implantiert wurde. Im Verlauf der Bildung eines Quasi-Moleküls kommt es zum Auffüllen des Lochs durch Abstrahlung oder Emission eines Auger-Elektrons. Diese Verhältnisse sind ausführlich an Hand des Ar-Ar-Niveau-Diagramms von Fano und Lichten diskutiert worden (z.B. |oGar 73|, |oBr 76|. Durch Stöße von Ar-Atomen mit einer Energie, die ausreicht, um einen Abstand von etwa 0,5 Å zu erreichen, können leicht M-Schalen angeregt oder eine Ionisation herbeigeführt werden. Stöße mit noch höheren Energien können schließlich zu Kreuzungen der MO zwischen 0,05 und 0,2 Å führen. So kann z.B. ein 2p-Elektron der 4fσ-MO folgen und die 3sσ-MO kreuzen, wenn die Kerne sich nähern. Wenn diese nicht gefüllt ist, kann das

Elektron einen Übergang zur 3s-MO erfahren. Eine Promotion eines 2p-Elektrons in die M-Schale würde eine Leerstelle in der L-Schale hervorrufen, die durch einen Auger-Prozess aufgeführt werden kann. Solche Auger-Elektronen sind beobachtet worden. Höhere Energieverluste bei Stößen zu kleineren Abständen hin können eine Reihe von Kreuzungen mit sich bringen. Die Anregungen innerer Schalen werden immer wahrscheinlicher. Vorgänge bei 0,05-0,1 Å können mit der Promotion von $3d\sigma$- und $3d\pi$-Elektronen in den $3d\delta$-Zustand oder von $3p\sigma$-Elektronen in den $3p\pi$- oder auch von $3p\sigma$-Elektronen in den $3p\pi$-Zustand zusammenhängen.

Die Ionisation innerer Schalen durch Stöße von schweren Atomionen stellt eines der interessantesten Phänomene der Atomphysik der letzten Jahrzehnte dar. In dem genannten Energiebereich ist die Geschwindigkeit der Projektile noch immer viel kleiner als die der Elektronen der inneren Schalen der Targetatome, während die kinetische Energie des Projektils vielfach größer ist als die Ionisierungsenergie der Schale. Diese Verhältnisse liegen bei der Elektronenstoß-Ionisation der inneren Schalen nicht vor. Deswegen konnte man aus diesen Versuchen neue Erkenntnisse erwarten. Erst bei sehr viel höheren Energien der Atomionen stehen wieder die Effekte der Coulomb-Anregung im Vordergrund.

Es hat sich allerdings gezeigt, daß die Verhältnisse in vielen Fällen noch näher in ihren Einzelheiten betrachtet werden müssen, was u.U. auch zu Korrekturen der bisher angegebenen MO-Kurven führen kann (z.B. |oMo 78|). Diesem Zweck dienen auch die neueren verbesserten Messungen über die emittierten Röntgenspektren mit Hilfe von Kristall-Spektrometern, die die Auflösung auch der Feinstrukturkomponenten der charakteristischen Röntgenstrahlen und damit die Zuordnung in die Unterschalen ermöglichen. Diese Meßresultate können dann wiederum mit den Ergebnissen der gut auflösenden Auger-Elektronen-Spektroskopie korreliert werden. Diese Erkenntnisse, die hier nicht im Einzelheiten aufgeführt werden können (vergl. hierzu |oMo 78|), führten zu einer Fülle neuer Untersuchungen, insbesondere für den Bereich schwerer Ionen und höherer Stoßenergien.

Während die ersten Arbeiten von Fano und Lichten sich zunächst mit den Systemen gleichartiger Atome befaßten, sind im Weiteren zahlreiche Diagramme auch für ungleiche Systeme (wie z.B. Ar-Ti oder Xe-Ag) aufgestellt worden.

3.3.5. Stöße mit Mehrfach-Ionisation

Bei höheren Energien ($\gtrsim 100$ keV) kommt es als Folge der Stöße schwerer Ionen mit Gasatomen zur Entstehung von Ionen in höheren Ionisierungszuständen (z.B. |oJa 82|). Auf diesem Gebiet sind in den letzten Jahren viele neue Erkenntnisse gewonnen worden, doch können im Rahmen dieser Einführung nur einige Resultate erwähnt werden. Es können sowohl die stoßenden als auch die gestoßenen Atome in mehrfach-geladenen Zuständen auftreten:

$$A^{+i} + B \rightarrow A^{+m} + B^{+n} + (m+n-i) \cdot e \quad . \tag{102}$$

Man kann mit Hilfe der Stoßgesetze Zusammenhänge herstellen, die aus Messungen bei verschiedenen Streuwinkeln mittlere Energieverluste $\bar{Q}$ der primären Ionen als Maß für den Ionisationsgrad und bei zusätzlicher Bestimmung des Ionisationsgrads aus Ablenkmessungen in angeschlossenen Magnetfeldern auch Werte für die jeweiligen Ionisierungsenergien Q liefern. Figur 3.33 zeigt die Stoßverhältnisse schematisch (nach Kessel |oKe 69|).

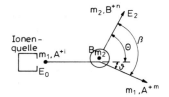

Fig. 3.33. Geometrische Verhältnisse für Stöße von Ionen A^{+i} (Masse m_1) auf Atome B (Masse m_2) unter Entstehung von Ionen A^{+m} und B^{+n}. (s. Anm. zu Fig. 2.30).

E_1 ist die Streuenergie, E_0 die Stoßenergie, E_2 die Rückstoßenergie, m_1 die stoßende Masse, m_2 die Masse des Rückstoßteilchens. Es ist $E_0 = E_1 + E_2 + Q$.

Bei Vernachlässigung thermischer Energien kann man aus E_0, β und θ den Wert von Q bestimmen. Allerdings werden oft mehrere Ionisierungszustände gleichzeitig auftreten können, sodaß man nur gemittelte Werte erhält. Figur 3.34 zeigt als Beispiel das Ergebnis einer Messung von Stößen mit Ar⁺-Ionen von 50 keV auf Ar-Atome. Dabei wurde für einen festen Streuwinkel von θ=15° der Winkel β etwas unterhalb von 90° gering verändert und die dabei auftretende Intensitätsverteilung gemessen.

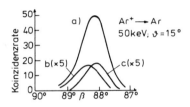

Fig. 3.34. Stöße von Ar⁺-Ionen von 50 keV auf Ar-Atome mit Entstehung höher ionisierter Ar-Teilchen, nach |oKe 69|.

a) $\bar{Q}$ = 779 eV;
b)   = 685 eV;
c)   = 814 eV.

Die für alle Ionen ohne Ladungsanalyse gemessene Kurve a) entspricht einem $\bar{Q}$ = 779 eV. Eine zusätzliche Ladungsbestimmung mit m=3, n=3 lieferte die Verteilung b) mit Q = 685 ± 25 eV und eine solche mit m=3 und n=5 die Verteilung c) mit einem Q = 814 ± 14 eV. Die Energiedifferenz von 129 eV entspricht dann gerade der zusätzlich notwendigen Energie, um das 4. und 5. Elektron vom Rückstoßion zu entfernen.

3.3.6. Stöße von Ionen mit Gasatomen mit Ladungsaustausch

In den vorangehenden Kapiteln war von den Stößen von Atomen oder Ionen mit Atomen gesprochen worden, die zur elastischen Streuung oder zur unelastischen Streuung, in die Ionisation und Anregung einbezogen waren, führten.

Neben diesen Prozessen tritt ein weiterer interessanter Vorgang von vielfach großem Wirkungsquerschnitt auf, die Umladung (auch Ladungsübertragung oder charge transfer). Es ist ein Prozess, der sich z.B. gegenüber der Ionisation beim Stoß dadurch abzeichnet, daß es dabei zu einer Umordnung im System der Stoßpartner kommt. Verfolgt man die Literatur (z.B. |oMas 72|, |x Map 72|, |x Mas 74|, |oHas 79|), stellt man fest, daß dieser Prozess der theoretischen Erfassung deswegen einige Schwierigkeiten, auch bei der Anwendung quantenmechanischer Näherungsverfahren bietet. Daher findet man eine Vielzahl von Näherungsverfahren vor, die aber jeweils nur für begrenzte Geschwindigkeitsbereiche Gültigkeit beanspruchen können. Ladungsaustauschprozesse treten in allen Energiebereichen auf, oft weisen sie gerade bei sehr niedrigen Energien besonders hohe Wirkungsquerschnitte auf. Im Folgenden sollen einige Erkenntnisse, jeweils für bestimmte Energiebereiche, vorgebracht werden. Die Formulierung der Umladungsprozesse

$$A^+ + B \rightarrow A + B^+ + \Delta E \qquad (103)$$

läßt erkennen, daß die Energie ΔE eine Rolle spielt, die nicht allein aus der Energiedifferenz der Ionisierungsenergien hervorgeht, sondern in den allgemeinen Fällen auch noch Anregungsenergien der Stoßpartner enthalten kann.

Die älteren experimentellen Methoden sind aus Kondensatorplatten-Anordnungen hervorgegangen, in denen die durch Umladung entstehenden langsamen Ionen in elektrostatischen Feldern abgelenkt und gemessen werden. Neuere Untersuchungen werden vorzugsweise mit Massenspektrometer-ähnlichen Anordnungen, oft mit zusätzlichen Monochromatoren mit hoher Geschwindigkeitsauflösung ausgeführt.

3.3.6.1. Symmetrische resonante Ladungsaustauschprozesse

Stöße mit $\Delta E = 0$, also von Ionen mit ihren Atomen, nennt man symmetrische resonante Ladungsaustauschprozesse. Sie haben ein großes Interesse gefunden, insbesondere für den Bereich geringer Energien, in denen besonders hohe Wirkungsquerschnitte auftreten.

Die Reaktion kann in diesem Fall als

$$A^+ + A \to A_2^+ \to A + A^+ \qquad (104)$$

dargestellt werden. Das aus dem Ion und dem Atom entstehende molekulare System tritt in den einfachsten Fällen in 2 Zuständen mit Energien E_g und E_u auf, wie dies für den Fall Proton + H-Atom (im 1S-Zustand) z.B. bei Massey (|x Mas 74|, |o Mas 72| beschrieben wurde. Bei großen Abständen der Protonen ist die Gesamtenergie des Systems unabhängig davon, wo sich das Elektron befindet. Der Energiezustand ist degeneriert. Bei kleineren Abständen wird die Degenerierung aufgehoben, es bestehen 2 Zustände verschiedener Energie mit unterschiedlichen Wellenfunktionen für die Streuvorgänge zu diesen Potentialkurven, längs deren sich die Teilchen beim Stoßvorgang bewegen. Ist P(v,b) die Wahrscheinlichkeit, daß bei einem Stoß mit dem Stoßparameter b und der Geschwindigkeit v ein Ladungsübergang stattfindet, ist der totale Wirkungsquerschnitt für diesen Vorgang

$$\sigma(v) = 2\pi \int_0^\infty P(b,v) \cdot b \, db \qquad . \qquad (105)$$

Die Phasenverschiebung der Wellenfunktionen zur Bewegung der Teilchen längs der molekularen Potentialkurven $E_g(R)$ und $E_u(R)$ wird mit $\eta_{g,bzw.\,u}$ bezeichnet.

Dann ist nach der Theorie

$$P(b,v) = \sin^2 |\eta_u(b,v) - \eta_g(b,v)| \qquad . \qquad (106)$$

Die Werte können berechnet werden, sofern $E_g(R)$ und $E_u(R)$ bekannt sind. Für niedrige Energien, d.h. hier solche zwischen einigen und einigen tausend eV, oszilliert P(b,v) rasch zwischen 0 und 1 für Werte von b kleiner als einem Wert b_0 und nimmt rasch ab für $b > b_0$. Durch Vereinfachungen und Näherungen führt diese Theorie zu der Formel für die Energieabhängigkeit des totalen Wirkungsquerschnitts |Fi 51|, |Ra 62|, |oHas 79|

$$\sigma^{1/2}(v) = A - B \ln v \qquad , \qquad (107)$$

wo A und B Konstanten sind, die in der Hauptsache durch die Ionisierungspotentiale der beteiligten Partner bestimmt sind. Trotz der Näherung ist diese Formel experimentell in zahlreichen Fällen für Energien von einigen eV bis keV gut bestätigt worden. Dies soll Figur 3.35 für H + H$^+$ und

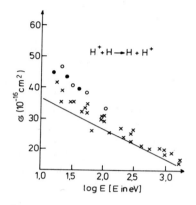

Fig. 3.35. Wirkungsquerschnitte für den Ladungsaustauschprozess H$^+$+H → H+H$^+$ als Funktion der Energie, nach |Fi 60|.

die Figur 3.36 für He$^+$ + He verdeutlichen.

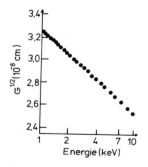

Fig. 3.36. Wirkungsquerschnitte für den Prozess He$^+$+He → He+He$^+$ als Funktion der Energie, nach |He 78|.

Auch für größere Energien lieferten die zahlreichen theoretischen Modelle meist befriedigende Übereinstimmung mit den experimentellen Resultaten. Unter "höheren" Energien werden in der Theorie vielfach solche verstanden, für die die Geschwindigkeiten größer sind als eine "atomare Geschwindigkeitseinheit" (1 v (a.u.) = $0,2 \ (\frac{E(keV)}{M})^{1/2}$, dabei ist M die Masse des Teilchens in Einheiten der Protonenmasse), obwohl diese Vereinbarung nicht ohne weiteres physikalisch begründet ist. Für höhere Energie ist z.B. die binäre-Stoß-Näherung herangezogen worden. In dieser werden die atomaren Elektronen und die Kerne jedes Systems als unabhängige Streuzentren für gegenseitige Coulomb-Streuung betrachtet |oVr 69| (vergl. 3.3.4.1).

Für die Anwendung der Born'schen Näherung wirkt sich günstig aus, daß für die Stöße bei hohen Geschwindigkeiten die Systeme nicht genügend Zeit haben, um beim Stoß in stärkerem Maße in Wechselwirkung zu treten (s. z.B. |x Mo 65|, |x Map 72|). Vergleiche zwischen den experimentellen Resultaten und den Berechnungen sind z.B. bei |x Mas 74|, |x Map 72| und |oTa 73| durchgeführt worden.

Die Theorie der Ladungsaustauschprozesse ist offenbar in Zusammenhang mit der Streutheorie, z.B. für elastische Streuprozesse zu betrachten. Letztere lieferte für Energien im eV- bis keV-Bereich Oszillationen im differentiellen Wirkungsquerschnitt (vergl.z.B. Figur 3.16). Solche werden auch für die Ladungsaustauschprozesse erwartet. Auf eine Beschreibung der diesbezüglichen Verhältnisse soll aber hier verzichtet werden. Oszillationen treten auch im totalen Wirkungsquerschnitt als Funktion der Geschwindigkeit auf. Als besonders geeignet für die Prüfung des Zwei-Zustands-Modells für resonanten Ladungsaustausch haben sich die Alkaliatome erwiesen. Über diese sind daher auch viele Untersuchungen durchgeführt worden (z.B. |Swa 76|). Hier können nur exemplarisch einige Resultate gezeigt werden. Figur 3.37 zeigt eine Apparatur zur Verwendung von Alkali-Substanzen. Die Ionenquelle für Alkaliionen liefert mittels einer kontrollierten Heizung einen konstanten Ionenstrahl, der nach Beschleunigung einen ebenfalls einigermaßen gerichteten Strahl von Alkaliatomen in einer Ladungsaustauschzelle kreuzt. Die Intensität der neutralen Teilchen wird durch einen Oberflächenionisierungsdetektor kontrolliert. Es kann sowohl die Schwächung des primären Ionenstrahls als auch die Stromstärke der durch Umladung entstandenen neutralen Teilchen gemessen werden.

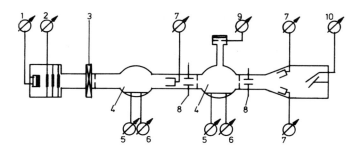

Fig. 3.37. Apparatur zur Messung von Ladungsaustauschprozessen mit Alkaliionen |Bö 79|.

   1 Ionenquelle mit kontrollierter Heizung
   2 Ionenbeschleunigung und Fokussierung
   3 Strahlunterbrecher
   4 Ladungsaustauschzelle
   5 und 6 Wärme- und Temperaturkontrolle
   7 Faraday-Käfig
   8 Ablenkungsplatten
   9 Oberflächenionisierungsdetektor
 10 Sekundärelektronenemissionsdetektor

Ein Beispiel für resonante Ladungsübertragung bei Alkaliionen zeigt die Figur 3.38 für $Cs^+ + Cs^o$. Die Oszillationen sind deutlich zu erkennen. Bemerkenswert sind auch die hohen Wirkungsquerschnitte ($\approx 10^{-14}$ cm^2) gerade für diesen Fall.

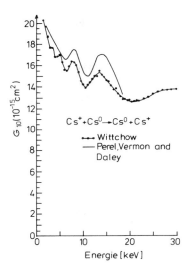

Fig. 3.38. Oszillationen im Wirkungsquerschnitt bei Stößen von $Cs^+ + Cs^0$ mit resonanter Ladungsübertragung, nach |Pe 71| und |Bö 79|.

3.3.6.2. Nicht resonanter Ladungsaustausch

Die nicht resonanten Ladungsaustauschprozesse zeigen eine andere Energieabhängigkeit. Während bei den höheren Geschwindigkeiten der Wirkungsquerschnitt ebenfalls stark abnimmt, zeigt er bei kleinen Geschwindigkeiten einen Anstieg bis zu einem Maximum, in dem σ_{tot} wieder einen Wert im Bereich des gaskinetischen Querschnitts erreicht. Die exakte Theorie ist schwierig. Eine ältere von Massey |x Mas 69| stammende Theorie läßt das Maximum des Wirkungsquerschnitts auftreten für

$$\frac{|\Delta E| \cdot a}{\hbar \cdot v} \approx 1 \quad , \qquad (s. \ (94))$$

dabei ist v die Teilchengeschwindigkeit, ΔE der Energiedefekt und a eine charakteristische Länge von der Größe des gaskinetischen Durchmessers (s. auch |x Has 64|). Bei Geschwindigkeiten $v \ll \frac{a \cdot \Delta E}{\hbar}$ ist die Bewegung der Teilchen so langsam, daß die

Elektronen Zeit haben, sich adiabatisch auf die Änderungen der Kernabstände einzustellen, sodaß eine Ladungsübertragung unwahrscheinlich ist. Größere Werte von ΔE verlagern das Maximum zu höheren Geschwindigkeiten. Figur 3.39 zeigt als Beispiel die Verhältnisse für den Prozess He$^+$ + Ne mit ΔE = 3 eV |Ra 62|. Die ausgezeichneten Kurven zeigen zum Vergleich wieder den resonanten Prozess He$^+$ + He, sowie eine berechnete Kurve für den Fall ΔE = 3 eV. Die gestrichelte Kurve ist das Meßergebnis für He$^+$ + Ne.

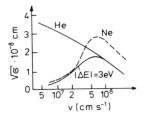

Fig. 3.39. Wirkungsquerschnitte für Stöße mit Ladungsaustausch bei He$^+$ + Ne (nicht resonant) und Vergleich mit berechneten Werten, sowie für He$^+$ + He (resonant), nach |Ra 62|.

Nach den neueren Auffassungen zum nicht resonanten Ladungsaustausch müssen je nach den besonderen Verhältnissen die Erkenntnisse über das Kreuzungsverhalten der Potentialkurven für den Eingangs- und Ausgangskanal herangezogen werden. Es gibt dabei (1) Fälle, in denen die nicht adiabatischen Potentialkurven energetisch voneinander getrennt verlaufen und (2) solche, in denen es zu einer Pseudo-Kreuzung der Potentialkurven kommt |oHas 79|. Der letzte Fall ist der häufigere, z.B. für die Stöße von Alkaliionen auf Alkaliatome fremder Art. Die Wahrscheinlichkeit für die Ladungsübertragung im Kreuzungsbereich kann dann in ähnlicher Weise mittels des Landau-Zener-Stückelberg-Modells berechnet werden, wie dies im Abschnitt 3.2.2. umrissen worden ist. Diese Theorie schließt auch eine Verbindung zu dem oben genannten Massey-Kriterium ein. Für den totalen Wirkungsquerschnitt findet man

$$\sigma(E) = 4\pi R^2 \cdot I(\eta) \quad . \tag{108}$$

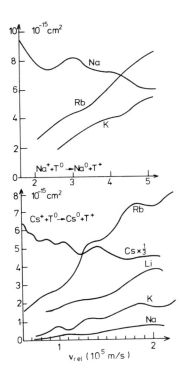

Fig. 3.40. Wirkungsquerschnitte für Ladungsaustauschreaktionen bei Stößen von Alkaliionen auf Alkaliatome |Bö 79|.

R ist der Abstand der Teilchen im Bereich der vermiedenen Kreuzung und $I(\eta)$ eine Funktion einer Größe η, die ihrerseits die reduzierte Masse des Systems, die kinetische Energie der Teilchen und das Übergangsmatrixelement im Bereich der Kreuzung enthält. Sie ist z.B. von Boyd und Moiseiwitsch |Bo 57| ausgerechnet und diskutiert worden. Dabei zeigt sich, daß $I(\eta)$ jeweils nach den für die Kreuzung maßgeblichen Werten für eine bestimmte Energie ein Maximum aufweist, sodaß auch für $\sigma(E)$ ein solches auftritt. Die Figur 3.40 zeigt Beispiele für den Verlauf von σ_{tot} für einige nicht resonante Prozesse bei Stößen von Na- oder Cs-Ionen auf andere Alkaliatome. Die Kurven weisen auch die erwarteten Oszillationen auf. Außerdem wird aus der Figur das unterschiedliche Verhalten der resonanten (Na⁺+Na, Cs⁺+Cs) Prozesse und der nicht resonanten deutlich, hier im Bereich verhältnismäßig niedriger Energien, also unterhalb des erwarteten Maximums.

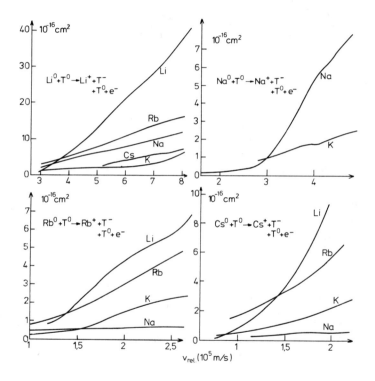

Fig. 3.41. Ionenpaarbildung bei Stößen zwischen neutralen Alkaliatomen als Funktion der Geschwindigkeit |Bö 79|.

3.3.6.3. Stöße zwischen neutralen Teilchen mit Bildung von Ionenpaaren

Ein sehr interessanter Vorgang ist die Entstehung von Ionenpaaren bei Stößen zwischen neutralen Teilchen

$$A + B \rightarrow A^+ + B^-$$
$$\rightarrow A^- + B^+ \quad \text{oft mit } A^- \rightarrow A + e \quad . \quad (109)$$

Die auch schon bei niedrigen Energien oberhalb einer Schwelle auftretenden Reaktionen spielen insbesondere für die Verbesserung in den Kenntnissen über Potentialkurven molekularer Zustände eine Rolle. Dieses große Gebiet kann aber in diesem Rahmen nur angedeutet werden. Die Figur 3.41 soll einige Beispiele für die Wirkungsquerschnitte solcher Stöße aus dem Bereich der Alkaliatome zeigen.

3.3.7. Ionen-Molekül-Reaktionen (IMR)

Ein weiteres Feld experimenteller und theoretischer Forschung bilden die Stoßprozesse von neutralen Teilchen oder Ionen mit Molekülen. U.a. weisen die Stoßvorgänge bei niedrigen Energien auf die Elementarprozesse der chemischen Reaktionen hin. Als Folge der Vorgänge (neutral-Molekül- und Ionen-Molekül-Reaktionen) kommt es zu einer Vielfalt von Möglichkeiten der Reaktionsprodukte, deren Analyse, nämlich nach Ionensorte, kinetischer Energie und Winkelverteilung der Reaktionsprodukte, gute geometrische Voraussetzungen (z.B. gekreuzte Strahlen) und Energie- und Massenanalysatoren erfordert. Neben Ladungsaustauschreaktionen der Art

$$X^+ + YZ \rightarrow X + (YZ)^+ \quad \text{oder} \quad X_2^+ + Y \rightarrow X_2 + Y^+ \quad , \quad (110)$$

sowie der entsprechenden Prozesse mit negativen Ionen (s. auch Abschn. 4.6.2), kommt es zu Molekülreaktionen (IMR), ausgelöst durch Ionen

$$X^+ + YZ \rightarrow (XY)^+ + Z \quad \text{oder} \quad X_2^+ + Y_2 \rightarrow (XY_2)^+ + X \quad . \quad (111)$$

Die Studien dieser Reaktionen geben Aufschluß über die Reaktionsmechanismen und über Energieverhältnisse.

Die Ionen-Molekülreaktionen werden theoretisch vielfach gemeinsam mit Ladungsübertragungsprozessen betrachtet. Es können vergleichbare Modelle herangezogen werden. Für den Bereich der relativen kinetischen Energien von ≈ 10 eV < E < 1000 eV haben die experimentellen Untersuchungen ergeben, daß exotherme IMR eine ähnliche Energieabhängigkeit aufweisen wie die resonanten Ladungsaustauschprozesse |Ra 62|, |Wo 68|.

Nach den Messungen wächst aber der Wirkungsquerschnitt bei sehr kleinen Stoßenergien ($\lesssim$ 1 eV) zu den kleinen Energien hin besonders stark an. Man nimmt an, daß in dem Bereich niedrigster Energien zwei Mechanismen eine wichtige Rolle spielen. Es kann, je nach dem Stoßparameter, zur Ladungsübertragung auf dem Weg über die Bildung eines molekularen Zwischenkomplexes $(XYZ)^{-*}$ infolge des Einfangs des stoßenden Ions oder zu einer solchen ohne Komplexbildung, d.h. ohne Ioneneinfang kommen. Im letzteren Fall kann ein Ionen-Atom-Austausch oder ein Elektronen-Tunneleffekt stattfinden.

Für das Einfangen eines sehr langsamen Ions durch das Targetteilchen hat ursprünglich Langevin |La 03| eine Theorie entwickelt, die später von Stevenson und Giomousis |Gi 58| vervollständigt worden ist. Sie spielt auch für die Ladungsaustauschprozesse eine wesentliche Rolle. Sie führt zu einer Energieabhängigkeit des Wirkungsquerschnitts gemäß

$$\sigma = \frac{2\pi e}{v} \left(\frac{\alpha}{\mu}\right)^{1/2} , \qquad (112)$$

dabei ist v die Relativgeschwindigkeit und µ die reduzierte Masse, $\varepsilon = \frac{1}{2} \mu v^2$ die relative kinetische Energie in unendlich großem Abstand der Teilchen. Es ist also

$$\sigma \sim \frac{1}{v} . \qquad (113)$$

Diese Theorie berücksichtigt Polarisationseffekte beim Stoß der Ionen auf das Targetteilchen, die schon mit klassischen Vorstellungen erfaßt werden konnten. Auf Grund der Polarisierbarkeit des neutralen Teilchens kommt es zu einer induzierten Dipol-Wechselwirkung $\phi(r) = - \frac{e^2 \cdot \alpha}{2r^4}$, dabei ist α die Polarisierbarkeit. U.a. muß man bei Molekülen noch ein bereits vorhandenes permanentes Dipolmoment berücksichtigen, doch soll dieser Fall hier außer Acht bleiben. Das wirksame effektive Potential für den Stoß ist dann

$$V_{eff}(r) = \frac{L^2}{2\mu r^2} - \frac{1}{2}\frac{\alpha e^2}{r^4} \quad \text{mit } L = \mu v \cdot b \quad . \tag{114}$$

Die Theorie liefert die Aussage, daß Ionen, deren Stoßparameter b kleiner ist als ein Wert

$$b^* = (\frac{2\alpha e^2}{\varepsilon})^{1/4} \tag{115}$$

eingefangen werden können, wobei sie sich auf einer Spiralbahn um das Tartgetteilchen mit einem auf Null gehenden Abstand bewegen. Teilchen mit größerem Stoßparameter, bzw. zu kleiner Energie ε erfahren eine einfache Streuung. Der Wirkungsquerschnitt für Teilcheneinfang ist dann (s. (112))

$$\sigma_L = \pi b^{*2} = \frac{2\pi e}{v} (\frac{\alpha}{\mu})^{1/2} \quad . \tag{116}$$

Die Energieabhängigkeit der exothermen Prozesse ergibt sich dann insgesamt aus dem Zusammenwirken der genannten Mechanismen. Fig. 3.42 zeigt für den Fall einer IMR $He^+ + N_2 \rightarrow N^+ + N + He$

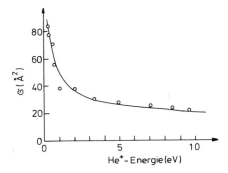

Fig. 3.42. Energieabhängigkeit des Wirkungsquerschnitts des exothermen Ionen-Molekül-Reaktion $He^+ + N_2 \rightarrow N^+ + N + He$, nach |Mo 66|.

deutlich den raschen Anstieg zu den kleinen Energien hin.

Endotherme IMR zeigen eine Energieabhängigkeit ähnlich der der asymmetrischen Ladungsübertragungsprozesse. Sie setzen bei einer Schwelle ein, erreichen ein Maximum des Wirkungsquerschnitts, der zu höheren Energien allmählich wieder abnimmt. Die Analyse der Meßergebnisse ist hier besonders durch den Umstand erschwert, daß die Reaktionen sowohl auf dem Wege über Komplexbildung als auch durch eine direkte Ionenübertragung (direkte Prozesse) und damit eine Vielzahl von Reaktionskanälen ablaufen können, vermehrt noch durch den Einbezug der Möglichkeit elektronisch angeregter Zustände.

3.4. Rekombination

Alle oben genannten Stoß-Reaktionen sind für das Zustandekommen von Gasentladungen und von Plasmen grundlegend wichtig. Zu einem Gleichgewicht der Teilchensorten und ihrer Neutralisation in diesen muß eine weitere Gruppe von Vorgängen einbezogen werden, die Rekombinationen. Dies sind Vorgänge, bei denen ein positives Ion mit einem Elektron oder einem negativen Ion in Wechselwirkung tritt. Im ersteren Falle wird ein freies Elektron vom positiven Ion eingefangen, im letzteren wird ein Elektron vom negativen Ion auf das positive übertragen. Da die entstehenden neutralen Atome sich noch in einem angeregten Zustand befinden könne, entstammt dem Rekombinationsvorgang häufig ein wichtiger Teil der von einem ionisierten Medium emittierten Lichtstrahlung. Schon seit den ersten Studien über Gasentladungen hat man sich mit Rekombinationsprozessen beschäftigt. Eine zusammenfassende Darstellung findet man bei Massey und Gilbody |x Mas 74|, sowie bei Hastedt |x Ha 64|, Bates |x Bat 62| und in der Einführung in die Gaselektronik von Wiesemann |x Wie 75|.

Die experimentellen Untersuchungen an Rekombinationsprozessen werden vor allem durch die vielen zusätzlichen Vorgänge, die in einer Gasentladung oder in einem Plasma auftreten, erschwert. Die in den Laboratorien gewonnen Werte für die Rekombinationskoeffizienten stammen aus der Vielzahl der für Gasentladungen charakteristischen Daten, wie z.B. Ergebnisse aus Sondenmessungen, Wanderung von Ionen zu den Wänden des Entladungsgefäßes, Nachleuchten von Gasentladungen, Analysen mit Massenspektrometern oder - recht häufig - Ermittlung der Dichte an Elektronen z.B. in Plasmen durch spezielle Messungen des zeitlichen Verlaufs des komplexen Dielektrizitätskoeffizienten für Mikrowellen (vergl. z.B. |oBat 79|).

3.4.1. Rekombination zwischen Elektronen und Ionen |oBi 63|

Bei dieser Art von Rekombination wird ein freies Elektron in einen an das Atom gebundenen Zustand übergeführt. Die Figur 3.43 zeigt das Energieniveau-Schema der beteiligten Partner (Atom + Elektron). Oberhalb der Ionisierungsgrenze kann das Elektron jeden Energiewert annehmen (Kontinuum positiver Energiezustände).

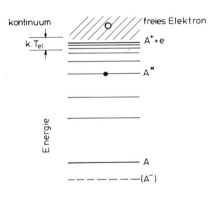

Fig. 3.43. Niveauschema zur Beschreibung von Elektron-Ion-Rekombinationen.

3.4.1.1. Strahlungsrekombination

Beim Einfang eines freien Elektrons der Energie $\frac{1}{2} mv^2$ in einen gebundenen Zustand A^* wird Energie frei. Diese kann aber nicht als kinetische Energie vom Atom aufgenommen werden. Sie wird vielmehr als elektromagnetische Strahlung der Energie $h\nu$ abgestrahlt ($e + A^+ \rightarrow A^* + h\nu$). Wegen der breiten Energieverteilung der zunächst freien Elektronen nimmt das Spektrum der emittierten Strahlung die Form eines Kontinuums, u.U. mit einer Kontinuumsgrenze an. Führt die Rekombination zum Grundzustand des Atoms, so ist $h\nu = E_{ion} + \frac{1}{2} mv^2$, wird ein angeregter Zustand erreicht, ist $h\nu = E_{ion} - E_a + \frac{1}{2} mv^2$. Wegen des Übergangs des angeregten in tiefer liegenden Niveaus können im Spektrum auch charakteristische Linien auftreten.

Als Maß für die Häufigkeit der Rekombinationsvorgänge dient der Rekombinationskoeffizient. Man kann ihn ermitteln z.B. aus der Beobachtung der Abnahme des Leuchtens eines Plasmas nach dem Abschalten der das Plasma bedingenden Vorgänge.

Ist zur Anfangszeit der Messung des Rekombinationsnachleuchtens nach einer Anregung (z.B. Ionisierung des Gases) die Dichte der positiven Ionen n_+ und der Elektronen n_-, so ist der Verlust an positiven Ionen in dt

$$-dn_+ = \alpha \cdot n_+ n_- \cdot dt \quad . \tag{117}$$

α ist der Rekombinationskoeffizient, der meist in $cm^3 s^{-1}$ angegeben wird. Er ist eine Funktion der Gasdichte und der Temperatur. Geht man von einem anfänglichen Ladungsgleichgewicht aus (z.B. in Plasmen) ($n_+ \simeq n_- = n$), so ergibt sich $-dn = \alpha n^2 \cdot dt$ und $n = \frac{n_o}{1+\alpha \cdot n_o t}$, wenn n_o bei $t = 0$. Daraus wird

$$\alpha = \frac{1}{t} \left(\frac{1}{n} - \frac{1}{n_o} \right) \quad . \tag{118}$$

Die Strahlungsrekombination ist im Vergleich zu den noch zu besprechenden Prozessen nicht sehr wirksam. Die Koeffizenten α reichen bei Wasserstoff von etwa $5 \cdot 10^{-12}$ bei niedrigen Elektronendichten und niedrigen Temperaturen bis zu 10^{-13} $cm^3 s^{-1}$ bei hoher Temperatur, bei Sauerstoff von etwa 10^{-12} bis $2 \cdot 10^{-14} cm^3 s^{-1}$. Der Gültigkeitsbereich der obigen Gleichung (für hohe Elektronendichten, hohe Gasdrücke, große Gefäßdimensionen) wird aber beeinträchtigt durch Vorgänge an den Gefäßwänden, zu denen die Ladungsträger diffundieren können, sodaß die Differentialgleichung durch ein die Diffusion berücksichtigendes Glied erweitert werden muß.

3.4.1.2. Zwei-Elektronen-Stoß-Rekombination

Der Prozess

$$A^+ + e + e \rightarrow A^* + e \qquad (119)$$

stellt die Umkehr eines Ionisationsprozesses durch Elektronstoß dar. Der hinzu kommende dritte Stoßpartner (hier ein weiteres freies Elektron) übernimmt dabei die freiwerdende Energie. So kann es unmittelbar zum Einfang in einen fest gebundenen Zustand kommen. Es kann aber auch der Fall auftreten, daß zunächst ein angeregter Zustand eingestellt wird, der nicht mehr als $k \cdot T_e$ von der Ionisationsgrenze entfernt ist. Das Elektron kann dann durch Strahlungsemission in einen niedrigeren angeregten Zustand übergehen. Es kann diesen aber auch durch einen elastischen Stoß mit einem anderen Plasma-Elektron erreichen und dabei Energie als kinetische Energie auf das Plasma-Elektron übertragen. Allerdings muß man beachten, daß die nur wenig unterhalb der Ionisationsgrenze angeregten Atome durch Stöße von Plasma-Elektronen auch wieder ionisiert werden können. Die Verhältnisse sind daher sehr von der Temperatur und der Elektronendichte abhängig. Man kann aber erwarten, daß bei niedrigen Temperaturen ($\approx$ 300 K) und Elektronendichten um 10^9 El./cm^3 die durch Plasma-Elektronen stabilisierte Rekombination etwa 100 mal wirksamer ist als die unter 1.1 genannte Strahlungsrekombination |oBi 63|.

3.4.1.3. Dreierstoß-Rekombination

Statt eines Elektrons als drittes, die Überschußenergie aufnehmendes Teilchen müssen auch Prozesse der Art

$$A^+ + e + C \rightarrow A + C \qquad , \qquad (120)$$

wobei C ein neutrales Teilchen ist, betrachtet werden. Der Fall, daß C ein Ion ist, ist ein gegenüber den unter 1.2. genannten Prozessen seltener Vorgang. Dies kann man daraus ableiten, daß der umgekehrte Prozess einer Ionisation durch Ionenstoß gegenüber der durch Elektronenstoß bei etwa gleicher Energie viel weniger wahrscheinlich ist.

Ist C ein neutrales Teilchen, kann die Überschußenergie bei der Rekombination ganz oder größtenteils in Anregungsenergie von C

übergehen. Dies kann unter geeigneten Bedingungen ein durchaus
häufiger Prozeß sein. Dreierstoßrekombinationen sind dann recht
wahrscheinlich, wenn das Gas schwach ionisiert und der Druck
hoch ist. Bei niedrigen Drücken spielt die Strahlungsrekombination eine größere Rolle. Beim hohen Druck und niedrigen Temperaturen ist der Dreierstoß mit Elektronen wahrscheinlich. Ausführlichere Betrachtungen zu diesen Fragen sind bei Wiesemann |x Wie 76| zu finden.

3.4.1.4. Dissoziative Rekombination

Ein Prozeß, der z.B. in der hohen Atmosphäre eine wichtige Rolle spielt, ist die dissoziative Rekombination von molekularen Ionen (z.B. O_2^+). In der hohen Atmosphäre hat man es mit Teilchentemperaturen von 200-1000 K und Konzentrationen von Elektronen und Ionen von 10^2 bis 10^6 cm^{-3}, bei neutralen Teilchen-Konzentrationen von 10^9-10^{16} cm^{-3} zu tun. Der Prozeß läßt sich folgendermaßen darstellen

$$(AB)^+ + e \rightleftarrows \text{instabil} \rightleftarrows A^* + B + \text{kinetische Energie.} \quad (121)$$

Das molekulare Ion fängt ein freies Elektron ein, wodurch das Molekül in einen instabilen angeregten Zustand gerät. Aus diesem kann es entweder wieder in den usprünglichen Zustand zurückkehren (Autoionisation) oder, wenn ein abstoßendes Potential des angeregten Moleküls $(AB)^*$ existiert, das die Potentialkurve des Molekülions schneidet, in 2 Atome dissoziieren, von denen mindestens eines angeregt sein muß. Die Figur 3.44 zeigt diesbezügliche Potentialverhältnisse |oBi 63|. Es handelt sich also um einen strahlungslosen Einfang eines Elektrons durch ein Molekülion. Als Folge der Abstoßung der beiden Bruckstücke A^* oder B^* (oder B) erhalten beide Teilchen eine beträchtliche kinetische Energie aus dem Überschuß der Rekombinations- und der Dissoziationsenergie. Um die Vorgänge der Molekülionen-Rekombination für die hohe Atmosphäre in Betracht ziehen zu können, müssen die Rekombinationskoeffizienten α von der Größenordnung 10^{-7} cm^{3}s^{-1} sein. Es handelt sich offenbar um einen recht häufigen Prozeß (s. dazu auch |oBi 63|).

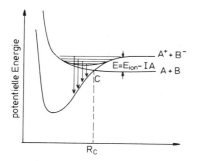

Fig. 3.44. Potentialkurven zur dissoziativen Rekombination.

3.4.2. Rekombinationen zwischen Ionen

3.4.2.1. Zwei-Teilchen-Prozesse

Bei den Stößen zweier Ionen kann es zu einer Rekombination mit Abstrahlung der Überschußenergie oder wenigstens eines Teiles derselben kommen gemäß

$$A^+ + B^- \rightarrow AB + h\nu \quad . \tag{122}$$

Es kann auch eine Neutralisierung durch Elektronenaustausch gemäß

$$A^+ + B^- \rightarrow A + B \quad \text{mit kinetischer Energie} \tag{123}$$

stattfinden, wobei die neutralen Produkte auch noch elektronisch angeregt sein können. Die frei werdende Energie ergibt sich aus der Differenz der Ionisierungsenergie von A und der Elektronenaffinität von B, gegebenenfalls unter Einbezug der Anregungsenergie der neutralen Produktteilchen. Beide Prozesse können nach einem gemeinsamen Modell betrachtet werden.

Hat man ein positives und ein negatives Ion in großem Abstand und mit einer relativen Bewegung von geringer kinetischer Energie, so ist ihre gesamte relative Energie eine kleine positive Größe, da die aus ihrer Coulomb-Anziehung resultierende potentielle Energie noch praktisch verschwindet. Wenn sich die Ionen nähern, nimmt die relative kinetische Energie zu, da die potentielle Energie abnimmt. Die Potentialkurve zeigt Fig. 3.45, in die auch die Kurve für die neutralen Teilchen eingezeichnet. Für

letztere ändert sich die potentielle Energie bei großen Abständen
kaum, bei kleineren kommt es infolge der Durchdringung der Elektronenhüllen zu Abstoßung. Wie man der Figur entnimmt, kommt es
zu einer Kreuzung der beiden Potentialkurven im Punkte C (mit dem
Kernabstand R_C). Welche Konstellation nun eintritt, hängt vom
Verhalten der Teilchen im Kreuzungsgebiet C ab. Es ist möglich,
daß bei R_C ein Elektronenaustausch stattfindet, so daß sich das
System auf dem oberen Potentialkurve befindet. Ist dieser Zustand
noch gebunden, kann je nach der Lage der Potentialkurve in Bezug
zur Kurve für den Grundzustand AB ein System von Banden mit
Schwingungs- und Rotationsstruktur auftreten, wie schematisch in
der Figur dargestellt. Das Verhalten im Kreuzungspunkt ist wieder
Gegenstand zahlreicher auf der Basis des von Landau und Zener
entwickelten Formalismus theoretischer Arbeiten geworden (s.z.B.
|O'M 66|, |x Mas 74|). Im allgemeinen ist die Wahrscheinlichkeit
der genannten Strahlungsrekombination nicht groß im Vergleich zu
anderen Rekombinationsmöglichkeiten. Kommt es im Bereich C zu
einem Elektronenaustausch und einer Bewegung auf einer *nicht* bindenden Potentialkurve, so laufen die beiden neutralen Teilchen
auseinander mit kinetischer Energie (Fall der gegenseitigen Neutralisation durch Ladungsaustausch).

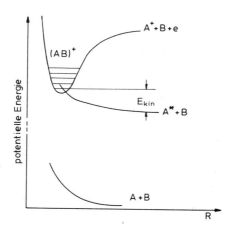

Fig. 3.45. Potentialkurven zur Rekombination zwischen
            Ionen.

3.4.2.2. Dreierstoß-Rekombination

Bei Dreierstoß-Rekombination der Art

$$A^+ + B^- + C \to (AB) + C \text{ (bei niedriger Energie)} \qquad (124)$$

wird ein Teil der Überschußenergie auf ein drittes Teilchen (Atom oder Molekül) übertragen. Dieser Prozess ist schon vor langer Zeit untersucht worden. Thomsen und Rutherford |Tho 96| führten Leitfähigkeitsmessungen in Luft in einem elektrischen Feld durch, wobei die Ionisation durch Einstrahlung von Röntgenstrahlung herbeigeführt wurde. Hierbei, sowie aus weiteren Versuchen ergab sich eine starke Rekombination, die vor allem dem genannten Prozess zuzuschreiben ist. Der Rekombinationskoeffizient α (s.o.) erwies sich als stark druckabhängig, wie die Figur 3.46 nach Sayers |oSa 62| zeigt.

Eine bereits von Thomson und Langevin entwickelte Theorie |La 03|, |Tho 24|, sieht vor, daß infolge des Zusammenstoßes eines langsamen Ions mit einem neutralen Teilchen während der Annäherung der beiden Ionen Energie auf dieses übertragen wird. Die

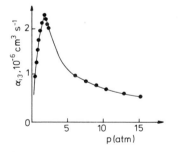

Fig. 3.46. Druckabhängigkeit des Ion-Ion-Rekombinationskoeffizienten für Luft (1 atm).

beiden Ionen werden sich schließlich in geschlossenen Bahnen umeinander bewegen. Wenn dieser Zustand genügend lange anhält, kann es, wenn ein kritischer Stoßparameter gemäß $\frac{3}{2} kT < \frac{e^2}{r_0}$, also $r_0 = \frac{2}{3} \frac{e^2}{kT}$ unterschritten wird, zu einer Rekombination kommen. Es handelt sich dabei um Vorgänge, wie sie auch schon von Langevin bei der Ladungsübertragung beim Stoß langsamer Ionen mit Atomen als wesentlich erkannt worden sind. Die Theorie ist mit Ergänzungen aus neueren Arbeiten ausführlich bei Massey und Gilbody |x Mas 74| und bei Flanery |oFl 72| dargestellt. Sie bestätigt, daß der Rekombinationskoeffizient noch von der Temperatur und dem Druck abhängt. Für niedrige Drücke ist nach der Theorie von Thomson

$$\alpha = C \cdot T^{-5/2} \cdot p \; cm^3 s^{-1} \quad (C \approx 1{,}5 \cdot 10^{-2} \text{ mit T in K und p in Torr)} \quad . \tag{125}$$

Die Dreierstoß-Rekombination ist bei niedrigen und mittleren Drücken der dominierende Effekt. Bei höheren Drücken (> 1000 Torr) liefert bereits die Theorie von Langevin |La 03| eine Abnahme von α mit p, in Bestätigung des experimentellen Befundes. Dies wird darauf zurückgeführt, daß bei höheren Drücken die Beweglichkeit der Ionen immer mehr abnimmt. Da diese aber verantwortlich ist für die Zahl der Zusammenstöße zwischen den negativen Ionen, nimmt α dann auch proportional zu $\frac{1}{p}$ ab.

4. Negative Ionen

4.1. Übersicht

Negative Ionen in der Gasphase sind wohl zum ersten Male Anfang der 30er Jahre bei massenspektrometrischen Untersuchung nachgewiesen worden. Die intensiven Studien über die negativen Atomionen, sowie zahlreiche Molekülionen während der 60er und 70er Jahre haben gezeigt, daß solche bei einer großen Anzahl von Atomen auftreten. Ihr wesentliches Merkmal, nämlich die Bindungsenergie des Elektrons an das neutrale Atom oder Molekül, die Elektronenaffinität EA (in eV), ist bei den meisten Atomionen und einigen Molekülionen vor allem mittels einer sorgfältig erarbeiteten Lasertechnik mit meist hoher Genauigkeit bestimmt worden. In einigen Fällen zeigten sich Hinweise auf zweifach geladene negative Ionen (z.B. O^{--}). Auch zur Frage der Existenz angeregter Zustände von negativen Atomionen liegen für eine Reihe von Fällen eindeutige Resultate vor. Alle so gewonnenen Ergebnisse konnten später verglichen werden mit den z.T. schon länger vorliegenden Rechnungen über stabile negative Ionen und ihre Elektronenaffinität, sowie mit zahlreichen Resultaten aus Elektronenstoßprozessen, die meist mit Massenspektrometern oder ähnlichen Apparaturen ausgeführt worden sind. Da man jetzt über recht umfassende Kenntnisse über dieses Gebiet verfügt, liegen eine Reihe von Monographien und zusammenfassenden Berichten vor, denen vertiefte Erkenntnisse und der neue Stand der Probleme und der Ergebnisse im Einzelnen entnommen werden können (z.B. |oMois 65|, |oHo 75|, |x Mas 74|).

Zur Entstehung eines stabilen negativen Ion muß ein freies Elektron fest an ein neutrales Atom oder Molekül gebunden werden. Das statische Feld eines neutralen Atoms in seinem Grundzustand kann dies zunächst nicht bewerkstelligen. Durch die Annäherung eines Elektrons wird aber ein elektrisches Dipol- und Quadrupolmoment influenziert. Es entstehen anziehende Potentiale proprotional zu $-\frac{\alpha}{r^4}$ (und höhere Potenzen r^{-n}; α ist die Polarisierbarkeit). Beim Einbau eines Elektrons in die Atomhülle muß aber noch das Pauli-Prinzip beachtet werden.

Eine Folge davon ist, daß z.B. bei den Edelgasen keine negativen

Ionen zum atomaren Grundzustand auftreten können. Bei angeregten Zuständen der Edelgasatome ist die Bindung so gering, daß es nur zu kurzlebigen negativen Ionen kommt. Das bekannteste Beispiel ist die Existenz von He^{-*} mit einer Lebensdauer von τ = 350 µs, bei dem das Elektron mit 0,075 eV an den metastabilen $(1s2s)^3S_1$-Zustand des He-Atoms bebunden wird (s. 4.4).

Die heute gesicherten Kenntnisse über die negativen Ionen und ihre oft mit beträchtlichen Wirkungsquerschnitten verbundenen Entstehungsprozesse haben zu einer Reihe von Anwendungen, z.B. in der Massenspektrometrie für die analytische Chemie und bei Ionenquellen für negative Ionen gefunden. Sie haben auch wesentlich zum Verständnis der Vorgänge in Gasentladungen, sowie in der hohen Atmosphäre beigetragen. In der Strahlungsphysik und -chemie, sowie bei den chemischen Reaktionen in der Gasphase haben die negativen Ionen die bisherigen, aus Untersuchungen mit positiven Ionen gewonnenen Erkenntnisse erheblich erweitert.

4.2. Entstehung negativer Ionen durch Stoßprozesse

Es sollen hier zunächst die wichtigsten Prozesse, die zur Bildung negativer Ionen führen, kurz zusammengestellt und dann die herausragenden Vorgänge ausführlicher betrachtet werden.

4.2.1. Mögliche Prozesse bei Elektronenstoß

a) $\quad A + e \rightarrow A^- + h\nu$ \hfill (126)
$\quad\quad AB + e \rightarrow (AB^-) + h\nu$

Diese Prozesse der Anlagerung überwiegend langsamer freier Elektronen führen zu einer - z.B. bei den Halogenen - beobachteten spektralen Emission (s. 4.3.2.).

b) $\quad A + e + C \rightarrow A^- + C$ \hfill (127)

Dieser Prozess tritt vor allem in Gasentladungen bei höheren Drücken auf.

c) $\quad AB + e \rightarrow A^- + B$ \hfill (128)

Die dissoziative Elektronenanlagerung am Moleküle bei Elektronenenergien im eV-Bereich tritt je nach der Energiebilanz des

Vorgangs resonanzartig auf. Dabei sind die Prozesse, die bereits bei 0 eV Elektronenenergie entstehen können, von besonderem Interesse (s. 4.2.3.3).

d) $\quad AB + e \rightarrow (AB)^-$ (129)

Dieser Fall einer Verteilung der zur Verfügung stehenden EA auf die Schwingungszustände des Moleküls stellen einen besonders interessanten Fall dar. Die Wirkungsquerschnitte sind oft hoch (10^{-15}-10^{-14} cm^2).

e) $\quad \left.\begin{array}{l} AB + e \rightarrow A^- + B^+ \\ \rightarrow A^+ + B^- \end{array}\right\} + e$ (130)

Die Ionenpaarbildung bei Stößen von Elektronen etwas höherer Energie ist ein z.B. in Gasentladungen häufig auftretender Prozess.

d) $\quad \begin{array}{l} AB + h\nu \rightarrow A^- + B^+ \\ \rightarrow A^+ + B^- \end{array}$ (131)

Die Paarbildung durch kurzwellige Photonen ist für die Strahlungsphysik und -chemie wichtig.

4.2.2. Negative Ionen bei Atom- und Ionenstoß

Die Ionisation bei Stößen von Atomen und Molekülen an heißen Oberflächen (Langmuir-Taylor-Prozess)

$A \rightarrow A^-$ oder $AB \rightarrow A^- + B^+$, bei der auch negative Ionen entstehen können, findet als Ionenquelle und als Detektor für Atomstrahlen Anwendung.

h) Stoßprozesse von neutralen, geladenen oder angeregten Atomen mit Ladungsübertragung oder Ionenpaarbildung

$$\begin{array}{l} A^* + B \rightarrow A^- + B^+ \\ A^0 + B \rightarrow A^- + B^+ \\ A^- + B \rightarrow A + B^- \\ A^+ + B \rightarrow A^{++} + B^- \end{array} \quad \text{s. 3.3.6.3.} \qquad (132)$$

i) Ionenmolekülreaktionen mit negativen Ionen

$$A^- + BC \to (AB)^- + C$$
$$(AB)^- + C \to A^- + BC \tag{133}$$

haben in Ergänzung zu den Studien mit positiven Ionen durch genaue Messungen der Energieabhängigkeit der Wirkungsquerschnitte, sowie der Energie- und Winkelverteilung der Reaktionsprodukte sehr zur verbesserten Kenntnis der Reaktionsmechanismen beigetragen.

k) Elektronen-Ablösung durch Stöße negativer Ionen mit Atomen in der Gasphase

$$A^- + B \to A + B + e \tag{134}$$

auch mit Anregung der Stoßpartner

$$A^- + B \to A + B^* + e \quad \text{oder} \quad \to A^* + B + e \ .$$

Von diesen Prozessen sollen im folgenden einige näher besprochen werden.

4.2.3. Dissoziative Elektronenanlagerung

4.2.3.1. Theoretische Betrachtungen

Der Prozess der dissoziativen Elektronenanlagerung an 2- oder mehratomige Moleküle ist von großer Bedeutung, die in vielen Publikationen zum Ausdruck gekommen ist. Die Experimente sind in den meisten Fällen mit massenspektrometrischen Anordnungen so durchgeführt worden, daß die Intensität der auftretenden negativen Ionen aus $AB + e \to A^- + B$ bei niedrigen Gasdrücken im Stoßraum als Funktion der Elektronenenergie registriert worden ist. Dabei kam es vor allem auf die Prozesse bei niedrigen Energien an (0 bis 10 eV). Theoretisch kann der Prozess auftreten, wenn das stoßende Elektron mindestens die Energie $D(AB) - EA(A)$ einbringt. Meßtechnisch kam es auf die möglichst genaue Kenntnis der jeweiligen kritischen Elektronenenergie bei einer schmalen Energieverteilung der Elektronenenergie an. Große Fortschritte brachte in dieser Hinsicht die Einführung der RPD-Methode (Retarding Potential Difference) nach Fox und Mitarbeiter |Fo 60|, mit der bei noch weiteren technischen Verbesserungen Energiehalbwertsbreiten im Bereich der niedrigsten Elektronenenergien von etwa 15 meV erreicht werden konnten, z.B. |Gr 81|. Allerdings muß man bei diesem Verfahren in Kauf nehmen, daß nur geringe Ströme an Elektronen und damit auch negativen Ionen zur Verfügung stehen.

Um zu verstehen, ob beim Stoß eines langsamen Elektrons auf das Molekül etwa ein stabiles negatives Molekülion (gemäß Prozess d) entstehen oder eine Dissoziation gemäß e) erfolgen kann, müssen die Potentialkurven des Moleküls unter Beachtung des Franck-Condon-Prinzips beachtet werden. Letzteres sagt aus, daß Übergänge zwischen den elektronischen Zuständen von Molekülen normalerweise so rasch ablaufen, daß nicht genügend Zeit zur Verfügung steht, daß sich die Kerne aus ihren Ausgangspositionen verlagern. Demnach werden in zweiatomigen Molekülen die Kerne im praktisch unveränderten Abstand verbleiben. Hierzu einige spezielle Fälle:

Im Grundzustand können die Kerne A und B gemäß Fig. 4.1a gegenseitig Schwingungen im Bereich zwischen R_1 und R_2 ausführen. Läßt man bei der elektronischen Anregung Schwingungen außer Betracht, bleibt der Bereich R_1 bis R_2 erhalten. Auf der Potentialkurve des Molekülzustandes A^-+B werden dann die Energiebereiche E_1 bis E_2 im abstoßenden Bereich der Kurve erreicht. Sofern eine Dissoziation eintritt, besitzen die Produkte A^- und B kinetische Energie zwischen E_3 und E_4. Allerdings muß man in Betracht ziehen (s.u.), daß das angeregte Molekül $(AB)^{-*}$ wieder in AB + e übergehen kann (Autodetachment), bevor die Kerne sich über den relativen Abstand R_s auseinander bewegt haben. Es ist dabei

$$E_{kin}(A^-) = (1-\beta)\{E_{el}-(D(AB) - EA(A))\} \quad , \tag{135}$$

wobei

$\beta = \dfrac{m_A}{m_B}$, D(AB) die Dissoziationsenergie und EA(A) die Elektronenaffinität von A ist. Man sieht, daß man aus solchen Messungen der jeweiligen Elektronenenergien und eventuell noch der kinetischen Energie von A^- eine Aussage über EA(A) oder von D(AB) bekommen kann.

Verlaufen die Potentialkurven mit einem möglichen stabilen Grund-

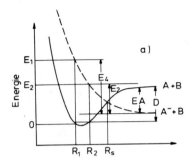
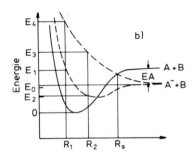

Fig. 4.1. Mögliche Potentialverläufe für negative Molekülionen im Vergleich zu denen der neutralen Moleküle im Grundzustand.

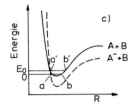

zustand von (AB)⁻ gemäß der Figur 4.1b, so kann eine Dissoziation nicht für alle Elektronen mit Energien zwischen E_2 und E_1, sondern nur für solche mit Energie $> E_0$ erfolgen. Die kinetische Energie der Produkte liegt dann zwischen 0 und $E_1 - E_0$. Unterhalb E_0 können bis zur Elektronenenergie E_2 zwar auch Elektronen eingefangen werden, sie führen dann aber nur zu einer Schwingungsanregung des sonst stabilen Moleküls (AB)⁻ (im elektronischen Grundzustand).

In den beiden Fällen registriert man eine Intensitätsverteilung der negativen Ionen gemäß Figur 4.2. Diese setzt bei einer bestimmten Energie (Appearance Potential AP), z.B. E_2 im Falle der Figur 4.1a oder E_0 im Falle b ein und zeigt einen mehr oder weniger schmalen Verlauf. Im Falle b ist deutlich, daß für Elektronenenergien zwischen E_3 und E_4 erneut eine Intensität an negativen Ionen auftreten kann, natürlich auch für den Fall a, wenn es zur Besetzung einer höher gelegenen Potentialkurve kommt.

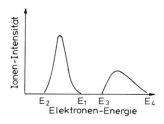

Fig. 4.2. Häufige Verteilung negativer Ionen aus dissoziativer Elektronenanlagerung als Funktion der Elektronenenergie.

Einen weiteren häufig auftretenden Fall zeigt die Fig. 4.1c. Hier kann ein Übergang in die Potentialkurve für A+B⁻ nur erfolgen, wenn das neutrale Molekül in ein Schwingungsniveau a'b' angeregt wird. Dann kann ein Übergang nach (AB)⁻ stattfinden. Dieses kann stabilisiert werden, d.h. seine überschüssige Energie abgeben, z.B. durch einen Stoß mit einem anderen Teilchen. Auch kann Strahlung infolge von Schwingungsübergängen abgegeben werden, u.U. liegen dann länger lebige Zustände vor, wie dies z.B. bei SF_6^- festgestellt worden ist.

Die Energiebilanz des Prozesses liefert für das Appearance-Potential AP(A⁻)

$$AP(A^-) = D(AB) - EA(A) + E_{kin} + E_{anreg} \quad . \tag{136}$$

In günstigen Fällen kann man davon ausgehen, daß die Anregungsenergien der Produktteilchen Null sind. Liegt außerdem noch der Fall vor (z.B. Potentialkurve bei b)), daß das AP zu $E_{kin} = 0$ gehört, kann aus dem gemessenen Wert für den ersten Anstieg der Ionenintensität eine Aussage über EA(A) oder D(AB) gemacht werden. Die neueren Untersuchungen mit verbesserter Energieauflösung haben gezeigt, daß es dazu aber wichtig ist, auch zu verschiedenen Elektronenenergien jeweils die Verteilung der Energie der negativen Ionen, sowie gegebenenfalls auch Winkelverteilungen zu messen. Ein wichtiges Faktum haben Schulz und Chantry in mehreren Untersuchungen |Schu 67| aufgezeigt. Offenbar muß, wie für alle Stoßprozesse im Schwellenbereich, für genaue Aussagen die Temperaturverteilung der Targetteilchen berücksichtigt werden, sodaß die Einsatzschwelle für die Ionenintensität AP u.U. noch Korrekturen (von bis zu 0,5 eV) unterworfen werden muß. Dieser Umstand erklärt für viele Fälle die Unstimmigkeiten in den gemessenen AP-Werten und daraus errechneten Elektronenaffinitäten aus der jeweiligen experimentellen Anordnung. Eine weitere apparatuelle Unsicherheit liegt in der genauen Zuordnung der Energieskala der stoßenden Elektronen. Es ist dazu empfehlenswert, auf zur Eichung dieser Skala geeignete Schwellenwerte für den Einsatz der Ionenintensität zurückzugreifen. Als solche eignen sich offenbar z.B. das Auftreten von SF_6^- Ionen aus SF_6 bei praktisch Null eV (s.u.), oder von O^-- oder SO^--Ionen aus SO_2 oder von O^- aus CO (nach Extrapolation hinsichtlich kinetischer Energie).

Wesentliche Beiträge zur Theorie der dissoziativen Elektronenanlagerung stammen von O'Malley |O'M 66|. Man geht dabei von einer Resonanzstreuung aus und bekommt eine Aussage über den Wirkungsquerschnitt für die Anlagerung aus einem v=0-Schwingungszustand eines Moleküls AB in einen Zustand $(AB)^{-*}$ mit einer Lebensdauer τ. Das Zwischenion kann dann entweder dissoziieren oder das Elektron gemäß einer elastischen oder unelastischen Streuung wieder abgeben (Autoionisation).

$$\begin{array}{lll} AB + e \to (AB)^{-*} \to & AB + e & \text{elastisch} \\ & (AB)^* + e & \text{unelastisch} \quad (137) \\ & A^- + B & \text{Dissoziation} \end{array}$$

Dabei schwingen die Kerne zunächst um die Ruhelage R_o, das Elektron wird eingefangen und führt das Molekül in den geänderten Potentialzustand, die Kerne schwingen nach dem FC-Prinzip im selben Kernabstand weiter. Das Elektron kann auch wieder abgegeben werden, wobei das Molekül auf den Grundzustand oder einen angeregten Zustand zurückkehrt. In manchen Fällen kann ein Bereich des negativen Molekülions erreicht werden, aus dem die Teilchen auseinander laufen. Bei abstoßender Potentialkurve können die Kerne aber nur auseinander fliegen bis zu einer Entfernung R_s. Von dort ab ist das Ion stabil gegen eine Elektronenemission. Für den Wirkungsquerschnitt für Dissoziation liefert die Theorie

$$\sigma_{DA} = \sigma_C \cdot \exp(-\tau_s/\tau_a) \quad , \tag{138}$$

dabei ist σ_C der Wirkungsquerschnitt für die Bildung des Zwischenzustandes. τ_s ist die Zeit bis zur Trennung von A^- und B bei R_s und τ_a = die Lebensdauer für Autoionisation. Man kann daher auch schreiben

$$\exp(-\tau_s/\tau_a) = \frac{r_d}{r_d + r_a} \quad , \tag{139}$$

wobei r_d und r_a die Zerfallsraten für dissoziative Anlagerung und Autoionisation sind. r_a und r_d kann man experimentell ermitteln, und zwar r_d aus der gemessenen Intensität an negativen Ionen, r_a aus der Intensität an SF_6^--Ionen eines hierzu dem betreffenden Gas zugemengten SF_6-Gasanteils (Scavenger-Methode, s.u.).

Auffallend sind bei den Prozessen der resonanten Dissoziation die großen Unterschiede in den Wirkungsquerschnitten. Bei einer großen Gruppe halogenhaltiger großer Moleküle, die zu negativen Halogenionen, aber auch verschiedenen Komplexionen führen, erhält man Wirkungsquerschnitte von 10^{-17} bis 10^{-15} cm^2. Hier ist σ_{DA} fast nur durch die Größe von σ_C bestimmt. Die Funktion $\exp(-\tau_s/\tau_a)$ ist $\cong \frac{1}{e}$, d.h. r_a und r_D sind nicht sehr verschieden. Die Abschätzungen für die Lebensdauer führen zur Werten von $\tau_s \cong \tau_a$ von 10^{-14} bis 10^{-15} s.

Bei leichteren 2- oder 3-atomigen Molekülen, z.B. H^- aus H_2 oder O^- aus O_2 findet man viel kleinere Wirkungsquerschnitte von 10^{-22} bis 10^{-18} cm^2. Hier ist $\tau_s/\tau_a \gg 1$, d.h. die Autoionisation ist der wahrscheinlichere Prozess.

4.2.3.2. Einige Beispiele für dissoziative Elektronenanlagerung

a) H_2. Ein interessantes, auch theoretisch viel behandeltes Beispiel ist die Entstehung von H^- aus $e + H_2$. Von Schulz und Mitarbeiter |Schu 65| wurde mit einer Schwelle bei 3,72 eV eine schwache ($\approx 10^{-21}$ cm^2) schmale resonanzartige H^--Intensitätsverteilung gefunden (Fig. 4.3), die für den Fall $E_{kin} = 0$ und $E_{anreg} = 0$ mit dem bekannten Wert für $D(H_2) = 4,44$ eV zu dem

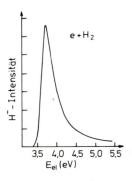

Fig. 4.3. Resonanzartige dissoziative Elektronenanlagerung an H_2 bei 3,75 eV, nach |Schu 65|.

auch aus anderen Messungen (s.u.) ermittelten Wert für EA(H) = 0,75 eV führte. Schließlich wiesen weitere Resultate von Rapp und Mitarbeiter |Ra 64| bei höheren Energien (8-12 eV) eine breite H^--Verteilung auf, die noch eine deutliche Abhängigkeit von der Art des Wasserstoffisotops zeigte. Die hier entstehenden H^--Ionen treten mit beträchtlichen kinetischen Energie auf. Eine weitere resonanzartige H^--Verteilung mit einer Schwelle bei 14,2 eV zeigte wiederum H^--Ionen mit $E_{kin} = 0$ (an der Schwelle) (s. Fig. 4.4). Diese Resultate führten zu interessanten theore-

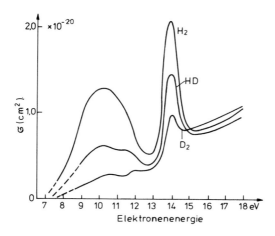

Fig. 4.4. Dissoziative Elektronenanlagerung an H_2 bei höheren Energien, nach |Ra 64|.

tischen Betrachtungen |Tay 65|. Offenbar lagen den genannten unterschiedlichen Intensitätsverteilungen unterschiedliche Mechanismen für die Entstehung der H^--Ionen zugrunde. Die schmale resonanzartige Verteilung bei 3,75 eV wird als typisch für eine Einteilchen-Resonanz angesehen, bei der das Elektron im Feld des Tartgetmoleküls im angeregten H_2^*-Zustand in einen H_2^--Zustand eingefangen wird. Durch den Franck-Condon-Übergang aus dem H_2-Grundzustand wird ein Bereich des H_2^--Grundzustands $(1s\sigma_g)^2(2p\sigma_u)^2\Sigma_u^+$ erreicht, aus dem gerade noch eine Dissoziation in $H + H^-$ in einem schmalen Energiebereich der stoßenden Elektronen in Konkurrenz zur Autoionisation erfolgen kann. Die breite H^--Ionenverteilung bei 8-12 eV wird einem Zustand zugeordnet, bei dem das Elektron von einem $(\sigma_g 1s)(\sigma_u 1s)$-Zustand des elektronisch angeregten H_2 in einem relativ großen Abstand eingefangen wird. Der so erreichte H_2^{-*}-Zustand ist abstoßend (in $H^- + H$ (Grundzustand)), was das Auftreten kinetischer Energie der H^--Ionen in diesem Bereich erklären kann. Die bei etwa 14 eV einsetzende Resonanz, bei der die Produktteilchen keine kinetische Energie besitzen, ist auf die Bindung eines Elektrons im Feld eines dabei angeregten H-Zustandes zurückzuführen. Figur 4.5 zeigt die zu diesen Deutungen angenommenen Potentialkurven für H_2 und H_2^- nach Chen |Chen 67|.

b) CO. Figur 4.6 zeigt die Intensitätsverteilung der O^--Ionen aus e + CO nach Rapp |Ra 65|. Nach späteren genaueren Untersuchungen |Cha 68| liegt die Einsatzschwelle dieses Prozesses bei 9,6 eV, was mit EA(O) = 1,465 eV zu D(CO) = 11,1 eV führt. Der Intensitätsbereich bei höheren Elektronenenergien ist dem Prozess e + CO → O^- + C^+ + e zuzuschreiben. Mit 1000-fach schwächerer Intensität ist auch der Prozess e + CO → C^- + O beobachtet worden |Ab 81|.

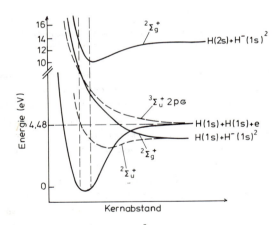

Fig. 4.5. Die niedrigsten Potentialkurven für H_2 und H_2^- im Hinblick auf die dissoiative Elektronenanlagerung.

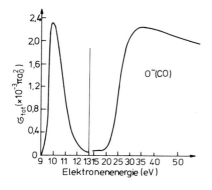

Fig. 4.6. O^- aus CO aus dissoziativer Elektronenanlagerung und Ionenpaarbildung ($\rightarrow O^- + C^+ + e$), nach |Ra 65|.

c) SO_2. Vergleichbare Untersuchungen an mehratomigen Molekülen führten zumeist zu komplexeren Erscheinungen, da eine Vielzahl von Dissoziationsprozessen möglich ist. Ein noch einfaches Beispiel liegt bei SO_2 vor, wo SO^--, O^--, S^-- und SO_2^--Ionen beobachtet worden sind |Kr 61|.

Figur 4.7 zeigt die Verteilung der O^-- und SO^--Ionen. Legt man für D(SO-O) den Wert $5,68 \pm 0,1$ eV zugrunde, so erhält man mit

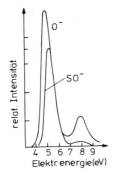

Fig. 4.7. O^-- und SO^--Ionen aus dissoziativer Elektronenanlagerung an SO_2, nach |Kr 61|.

der Schwelle für SO⁻ bei 4,58 ±0,1 eV aus der Ungleichung (wegen $E_{kin} \geq 0$)

$$EA(SO) \geq D(SO-O) - AP(SO^-) \tag{140}$$

den Wert $EA(SO) \geq 1,10$ eV, der in guter Übereinstimmung mit dem später aus Photoelektronenablösungs-Messungen ermittelten Wert von 1,09 eV steht.

4.2.3.3. Dissoziative Elektronenanlagerung thermischer Elektronen

Unter den Prozessen der genannten Art sind solche auffallend, bei denen eine Dissoziation schon bei Anlagerung eines Elektrons von ≈ 0 eV zustande kommt. Wie aus der Energiebilanz zu erkennen ist, treten diese Fälle dann auf, wenn die EA des entstehenden negativen Ions wesentlich größer ist als die notwendige Dissoziationsenergie zur Abtrennung des Bruchstücks. Diese Verhältnisse liegen z.B. bei Halogenen und zahlreichen größeren halogenhaltigen Molekülen vor. Zum Verständnis sollen die Potentialkurven eines

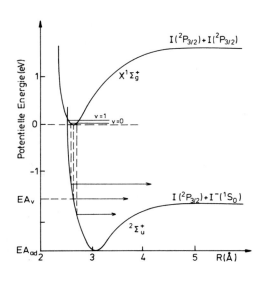

Fig. 4.8. Potentialkurven von J_2 und J_2^- mit adiabatischer und vertikaler Elektronenaffinität.

einfachen Halogenmoleküls X_2 betrachtet werden. Die Figur 4.8 zeigt als typischen Fall die Kurven des J_2- und des J_2^--Moleküls. Die Kurven des negativen Moleküls-Ions verlaufen recht breit, der Gleichgewichtsabstand des X_2^--Moleküls ist deutlich größer als der des X_2. Aus der Figur ist zu erkennen, daß die Elektronenaffinität hier keine fest definierte Größe ist. Sie wird rasch größer (EA' > EA) bei der Streckung des Moleküls. Aus dem Kurvenverlauf ist auch verständlich, daß bereits die Anlagerung eines langsamen Elektrons zum Prozess der Dissoziation führt. Diese ist bei Br_2 und J_2 bei 0 eV mit Wirkungsquerschnitten von etwa 10^{-17} cm² beobachtet worden. Die EA der Moleküle liegen zwischen 2 und 3 eV (F_2 = 3,08 eV, Cl_2 = 2,38 eV, Br_2 = 2,51 eV und J_2 = 2,58 eV), dabei handelt es sich um die "adiabatischen" Elektronenaffinitäten, von denen die "vertikalen" Affinitäten zu unterscheiden sind (s. Figur). Die EA der Halogenatome liegen deutlich darüber (F = 3,4 eV, Cl = 3,613 eV, Br = 3,36 eV und J = 3,06 eV).

Figur 4.9 zeigt ein Beispiel für die Bildung von Cl^- aus CCl_3F |Gr 81|. Wie man sieht, ist die Cl^--Intensitätsverteilung bei 0 eV sehr schmal, die Verteilungen bei höheren Energien sind erheblich breiter.

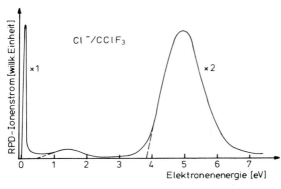

Fig. 4.9. Cl^--Ionen aud $C ClF_3$ bei Elektronenstoß, nach |Gr 81|.

4.2.4. Negative Molekülionen aus Elektronenanlagerung

In zahlreichen Fällen treten stabile negative Molekülionen direkt aus der Anlagerung eines langsamen Elektrons an ein Molekül ohne Dissoziation auf. AB + e → (AB)⁻. Auf diese Erscheinung war man schon frühzeitig bei den sogenannten Schwarmexperimenten gestoßen, bei denen die Wanderung von Elektronen in Gasen durch die Anlagerung an geeignete Moleküle beeinflußt werden kann. Diese Prozesse werden dann begünstigt, wenn die Potentialkurven des neutralen Moleküls und des negativen Moleküions sich im Bereich ihrer niedrigsten Schwingungsanregungsniveaus kreuzen. Wird ein niedriges Niveau des Moleküls durch Stoß eines langsamen Elektrons angeregt, kann eine Stabilisierung dieses Systems zu einem stabilen Molekülion durch Stöße mit anderen Teilchen aber auch durch Schwingungsabregung infolge Emission von Strahlung zustandekommen. Zu dieser Gruppe von Potentialkurven ist die des O_2 zu rechnen. Figur 4.10 zeigt den vermuteten Kurvenverlauf. EA(O_2) ist zu 0,43 ± 0,03 eV (für v = 0 → v' = 0) bestimmt worden. Die Stabilisierung des O_2^--Ions durch Stöße z.B. mit anderen O_2-Molekülen konnte experimentell aus der Druckabhängigkeit bestätigt werden |Spe 72|.

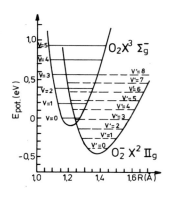

Fig. 4.10. Potentialkurven der elektronischen Grundzustände von O_2 und O_2^-.

Ein häufig untersuchter Prozess ist die Anlagerung von 0 eV-Elektronen an SF_6 mit der Bildung von SF_6^--Ionen. Die zur Verfü-

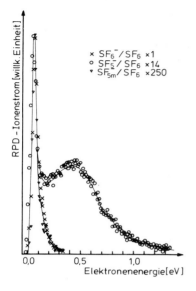

Fig. 4.11. SF_6^-- und SF_5^--Ionen aus e + SF_6, nach |Gr 81|.

gung stehende EA(SF_6), die allerdings noch nicht zweifelsfrei bekannt ist, wird auf die Schwingungszustände (zum elektronischen Grundzustand) verteilt.

e + SF_6 → SF_6^- (mit einer Lebensdauer von ≈ 25 μs).

Der Wirkungsquerschnitt dieses Prozesses ist sehr groß (10^{-15} bis 10^{-14} cm²)! Wie die Figur 4.11 zeigt, ist die 0 eV-Intensitätsverteilung sehr schmal. Sie ist im vorliegenden Fall mit einer Energiehalbwertsbreite von 15 meV registriert worden |Gr 81|. Daneben kommt es aber auch zu einer dissoziativen Anlagerung, e + SF_6 → SF_5^- + F , ebenfalls bei 0 eV und einem weiteren schwachen Maximum bei etwa 0,43 eV. Die letztere Reaktion resultiert vermutlich aus einem kurzlebigen Zwischenzustand des SF_6^{-*}-(≈10^{-13} s)-Komplexes. In geringer Intensität treten auch F^--Ionen bei 0 eV auf. Trotz zahlreicher Untersuchungen sind die Potentiale des SF_6 und SF_6^- noch nicht gesichert bekannt. Die EA(SF_6) liegt möglicherweise bei 0,54 eV.

4.2.4.1. Die Scavenger-Methode

Die selektive Auswahl von Null eV-Elektronen hat eine ebenso interessante, wie nützliche Anwendung gefunden |He 59|. Und zwar können die bei unelastischen Stoßprozessen entstandenen 0 eV-Elektronen durch die nach dem Einfang durch dem Gas beigemengte SF_6-Gasanteile gebildeten SF_6^--Ionen registriert werden. Im Prinzip können alle Prozesse der Anlagerung von 0 eV-Elektronen für diese "Scavenger"-Methode herangezogen werden. Doch wird man dem SF_6 wegen des hohen Anlagerungsquerschnitts den Vorzug geben.

Als ein Beispiel sei die Messung der Anregung von Schwingungszuständen des CO-Moleküls als Funktion der Elektronenenergie gezeigt (Figur 4.12), wobei jeweils die SF_6^--Intensität aufgetragen ist.

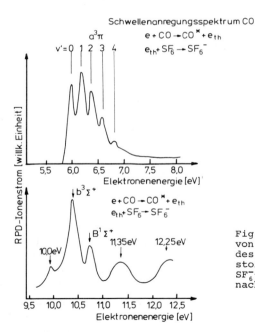

Fig. 4.12. Anregung von Schwingungszuständen des CO durch Elektronenstoß, gemessen mit der SF_6^--Scavenger-Methode, nach |Gr 81|.

Die Scavenger-Methode bot auch die Möglichkeit, experimentell die konkurrierenden Vorgänge der dissoziativen Elektronen-Anlagerung und der Autoionisation mit Bildung eines langsamen Elektrons aus demselben angeregten Zustand des negativen Zwischenmoleküls zu verfolgen (vergl. 4.2.3.1). Dies sei am Beispiel des $H_2C_2Cl_2$ aufgezeigt |Kö 68|. Bei einer Anregungsenergie von etwa 0,65 eV kommt es einerseits zur Bildung von Cl^--Ionen aus der dissoziativen Anlagerung gemäß

$$e + H_2C_2Cl_2 \rightarrow Cl^- + H_2C_2Cl \tag{141}$$

als auch zur Autoionisation mit Emission eines langsamen Elektrons aus

$$e + H_2C_2Cl_2 \rightarrow H_2C_2Cl_2^{-*} \rightarrow H_2C_2Cl_2^* + e \text{ (langsam)} \tag{142}$$

und e (langsam) + $SF_6 \rightarrow SF_6^-$.

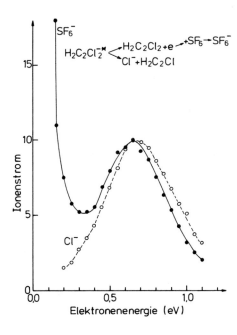

Fig. 4.13. Vergleich von dissoziativer Elektronenanlagerung und Autoionisation bei $H_2C_2Cl_2$ |Kö 68|.

In der Figur 4.13 ist zu erkennen, daß beide Prozesse resonanzartig bei praktisch der gleichen Elektronenenergie auftreten. Aus den gemessenen Intensitäten kann man schließen, daß in der oben genannten Beziehung für den Wirkungsquerschnitt für dissoziative Anlagerung

$$\sigma_{AD} = \sigma_C \cdot e^{-\rho} = \sigma_C \cdot \frac{r_d}{r_d + r_a} \qquad \text{(vergl. (139))}$$

der Koeffizient ρ im Bereich von etwa 1 liegt, im Einklang mit Resultaten an anderen Wasserstoffhalogeniden |Chr 68|.

4.2.5. Ionenpaarbildung

Bei höheren Elektronenenergien kommt es schließlich zur Ionenpaarbildung e)

$$e + AB \rightarrow A^- + B^+ + e \qquad \text{mit der Energiebilanz}$$

$$AP = E_{ion}(B) - EA(A) + D(AB) + E_{kin} + E_{anreg} \qquad . \qquad (143)$$

Da diese Prozesse häufig noch mit kinetischer Energie der Produkt-Teilchen verbunden sind, sind die Ergebnisse schwieriger zu analysieren. Ein Beispiel für Ionenpaarbildung bei CO + e ist in Figur 4.6 mit eingezeichnet.

Bei mehratomigen Molekülen ist die Vielzahl der Reaktionsmöglichkeiten noch größer, auch dadurch, daß Reaktionsprodukte noch weiter dissoziieren können. Als Beispiel sind für $e + C_2H_2$ folgende Vorgänge nachgewiesen worden:

$$\begin{aligned} e + C_2H_2 &\rightarrow C_2H^+ + H^- + e \\ & CH_2^+ + C^- + e \\ & H_2 + C_2^- \\ & H^+ + H + C_2^- + e \\ & H^+ + C_2H^- + e \quad . \end{aligned} \qquad (144)$$

Zusammenfassend kann man feststellen, daß die Prozesse der dissoziativen Elektronenanlagerung an Moleküle eine Fülle von Erkenntnissen über Potentialkurven, Dissoziations- und Anregungsenergien, Elektronenaffinitäten und Reaktionsabläufen liefern können.

4.2.6. Zweifach geladene negative Ionen

Über zweifach geladene negative Ionen ist bisher noch verhältnismäßig wenig bekannt. Bei Untersuchungen zum Prozess e + H⁻ → H + 2e, bei denen ein Strahl negativer H⁻-Ionen von Energien von etwa 10 keV mit langsamen Elektronen beschoßen wurde, trat eine bemerkenswerte Resonanz bei etwa 14,5 eV im Wirkungsquerschnitt für die Elektronenablösung auf, die einem H⁻⁻-Ionenzustand von kurzer Lebensdauer (10^{-15} s) zugeschrieben wurde. Die Figur 4.14 zeigt die gemessene Kurve für den Wirkungsquerschnitt als Funktion der Elektronenenergie.

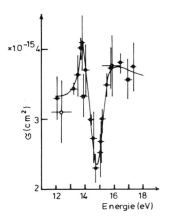

Fig. 4.14. Resonante Streuung von Elektronen an H⁻ mit Bildung eines kurzlebigen H⁻⁻-Zustandes, nach |W 70|.

Die Frage nach der Existenz länger lebiger zweifach geladener negativer Ionen ist akut geworden, nachdem z.B. in Penning-Ionenquellen zweifach geladene Cl-, Br und J-Ionen beobachtet worden sind |Ba 71|. Die Messungen wurden gestützt durch Ablenkmessungen in elektrischen und magnetischen Feldern und die Druckabhängigkeit der Ausbeute. Neuere Messungen über die Existenz der genannten Ionen ebenfalls aus Penning- oder Elektronenstoß-Ionenquellen führten allerdings zu einem anderen Ergebnis. Diese treten demnach zumindest als länger lebige Ionen (> 10^{-5} s) nicht oder höchstens mit gegenüber einfach geladenen negativen

Ionen 10^{-8} bis $5 \cdot 10^{-5}$ mal geringerer Intensität auf |Spe 82|.
Vermutlich handelt es sich um Gebilde mit relativ kurzer Lebensdauer, die durch Stöße mit anderen Teilchen leicht zerstört werden können. Weitere Untersuchungen sind daher wünschenswert; insbesondere auch zur Druckabhängigkeit, da die bisherigen Ergebnisse bei stark unterschiedlichen Gasdrücken gewonnen wurden.

4.3. Bestimmung der Elektronenaffinitäten (EA)

Die Elektronenaffinität ist die Bindungsenergie des Elektrons am neutralen Atom oder Moleküls, bzw. die Ablösearbeit des am lockersten gebundenen Elektrons des negativen Ions. Die Elektronenaffinitäten sind immer kleiner als die Ionisierungsenergie zum positiven Ion. Die Bindungsenergie EA nimmt Werte zwischen $\approx 0{,}1$ und etwa 4 eV an und wird für stabile negative Ionen als positive Größe gewertet.

4.3.1. Berechnung von Elektronenaffinitäten

Die genaue Berechnung der EA hat in einigen Fällen zu Werten geführt, die gut in Einklang mit den experimentellen Werten stehen. Eine solche für das H-Atom ergab unter Anwendung des Hartree-Fock-Verfahrens einen Wert von etwa 0,75 eV. Für nähere Hinweise zur Berechnung soll auf die Zusammenfassung und die Literaturangaben von Hotop und Lineberger |oHo 75| hingewiesen werden. Auch für eine Reihe von Alkaliatomen führten die Rechnungen zu Werten, die nahe den experimentellen Resultaten lagen.

Bewährt haben sich auch mehrere isoelektronische Extrapolationsverfahren, bei denen die Elektronenaffinitäten mit der Folge der Ionisierungspotentiale der neutralen Atome und der einfach und doppelt geladenen positiven Ionen der isoelektronischen Folge in Beziehung gesetzt wurden. Auch thermische Daten, z.B. von Kristallgittern sind zur Bestimmung der EA-Werte herangezogen worden.

4.3.2. Spektroskopische Bestimmung von EA

Wie schon vermerkt, kann die Anlagerung eines freien Elektrons an ein neutrales Teilchen zum Grundzustand eines negativen Ions zur Emission von Strahlung führen, die als Kontinuum auftritt, je nach der kinetischen Energie des Elektrons

$$h\nu = E_{kin,el} + EA \quad . \tag{145}$$

Die Kontinuumsgrenze

$$\frac{EA}{h} = \nu_{gr} \quad . \tag{146}$$

ermöglicht dann die Bestimmung von EA. Das Kontinuum kann z.B. in Gas- oder Bogenentladungen angeregt oder in Absorption beobachtet werden. Als typische Beispiele sei auf die Untersuchungen an Chlor und Fluor hingewiesen. Da die EA der Halogene einige eV betragen, können die langwelligen Grenzen des Kontinuums im nahen UV gut beobachtet werden. Die Figur 4.15 zeigt ein Meßresultat von $e + Cl \to Cl^- + h\nu$ von Popp und Mitarbeiter |Po 68|, bei dem die beiden Schwellen für die Cl $^2P_{3/2;1/2}$-Zustände zu erkennen sind. Entsprechend wurden bei Fluor aus Bogenentladungen in SF_6

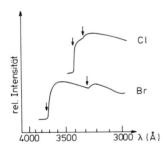

Fig. 4.15. Bestimmung der Elektronenaffinitäten der Halogenatome aus der Kontinuumsgrenze von e + Halogen → Halogen⁻ + hν, nach |Po 68|.

oder BF_3 Werte bei 3595 Å und 3646 Å wieder entsprechend dem $F\,^2P_{3/2;1/2} + e \to F^- + h\nu$ gefunden, aus denen ein EA(F) = 3,4 eV ermittelt wurde. Ähnliche Untersuchungen führten auch bei H^- oder O^- zu recht genauen Werten.

4.3.3. Elektronenablösung durch Photonen (Photodetachment)

4.3.3.1. Methode und exemplarische Ergebnisse

Es war naheliegend, den Photoeffekt zur Bestimmung der Ablösearbeit von Elektronen auch an den negativen Ionen anzuwenden. Aber erst in den letzten 2 Jahrzehnten ist das Verfahren zum Einsatz gekommen, und zwar infolge der raschen Entwicklung in der Lasertechnik. Die experimentellen Schwierigkeiten, die der Methode entgegenstanden, waren vielfach. So liefern Ionenquellen für negative Ionen im Vergleich zu solchen für positive Ionen um mehrere Größenordnungen geringere Intensitäten. Deshalb mußten auch auf diesem Gebiet zunächst erhebliche Anstrengungen gemacht werden. Es sei hier auf eine Ionequelle hingewiesen, mit der es möglich war, negative Ionen mit Ausbeuten von 30 bis 1000 µA fast aller Elemente des periodischen Systems insbesondere der Alkaliatome zu erzeugen |Kai 74|. Weiterhin spielten angesichts der geringen Intensitäten Untergrundprobleme bei den Messungen eine große Rolle. Es war notwendig, die Messungen bei möglichst niedrigen Drücken ($\approx 10^{-5}$ mb) durchzuführen, um Stöße mit Restgasteilchen zu vermeiden. Bei früheren Messungen hatte man von starken Edelgas-Hochdruck-Lampen (z.B. Xe-Lampen) Gebrauch gemacht, deren spektrale Intensitätsverteilung zunächst sorgfältig bestimmt werden mußte. Später verwendete man starke Laser mit fester Frequenz oder die hochentwickelten kontinuierlich verstimmbaren Laser, soweit sich der dabei angebotene Wellenlängenbereich nutzen ließ. Von den verschiedenen Anwendungsmöglichkeiten des Verfahrens sollen die wesentlichen hier kurz erwähnt werden. Für weitere Studien sei auf den Bericht von Hotop und Lineberger |oHo 75|, auf die Monographie von Massey |x Mas 74|, sowie auf die früheren Berichte von Branscomb |oBra 62| und von Moiseiwitsch |oMoi 65| hingewiesen.

Die am häufigsten verwendete Meßmethode, die auf Branscomb und Mitarbeiter zurückgeht, bedient sich des Prinzips der gekreuzten Licht- und Ionenstrahlen. Ein massenselektierter Strahl negativer Ionen wird von einem Lichtstrahl mit durch einen Monochromator einstellbarer Wellenlänge gekreuzt. Von den bei $A^- + h\nu \rightarrow A + e$ entstehenden Produkten werden entweder die neutralen Teilchen (schnelle Neutralteilchen können z.B. mit Photomultipliern oder auf dem Weg einer durch Elektronenstoß herbeigeführten Ionisation registriert werden) oder die Elektronen, die durch ein elektrostatisches Feld abgezogen werden, nachgewiesen. Es wird die Abhängigkeit der Ausbeute als Funktion der Wellenlänge ermittelt. Bei Anwendung von Lasern fester Frequenz kann man die Energieverteilung der abgelösten Photoelektronen ausmessen.

Den schematischen Aufbau einer Apparatur zur Messung der Photoablösung von Elektronen an negativen Ionen zeigt die Figur 4.16, nach |Fe 77|. In diesem Falle wird ein massenselektierter Strahl negativer Ionen von einem Photonenstrahl gekreuzt, der einem durchstimmbaren Laser entstammt. Die durch die Elektronenablösung entstehenden schnellen Neutralteilchen werden mit einem offenen Elektronenvervielfacher nachgewiesen. Die Messung von Ionenstrom,

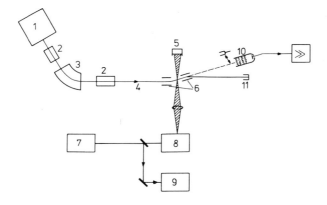

Fig. 4.16. Aufbau einer Apparatur für Photoablösung an negativen Ionen mit Laser, nach |Fe 77|.

1 Ionenquelle
2 Ionenoptik
3 Massenanalysator
4 Ionenstrahl
5 Thermosäule
6 el. stat. Deflektoren
7 Laser
8 Monochromator
9 Spektrometer
10 Neutraldetektor
11 Ionenstrom-Messung

Lichtintensität, Photonenenergie und Anzahl der Produktteilchen ermöglicht die Bestimmung relativer Wirkungsquerschnitte. Zur Bestimmung absoluter Werte ist eine genaue Kenntnis von Geometriefaktoren, Nachweiswahrscheinlichkeit der Teilchen, Verweilzeit der Ionen im Reaktionsraum und Gasdichten erforderlich. Deswegen liegen Absolutmessungen nur vereinzelt vor. Vielfach sind Vergleichsmessungen mit den Werten für H⁻ gemacht worden. Ein Ergebnis an H⁻ |Fe 75| zeigt die Figur 4.17 mit einem Vergleich der Ergebnisse anderer Autoren und berechneten Werten. Aus der Schwellenenergie bekommt man EA(H) = 0,7539 ± 0,002 eV.

4.3.3.2. Schwellenverhalten des Wirkungsquerschnitts

Besonders interessant ist der Verlauf des Wirkungsquerschnitts für Photodetachment nahe der Schwelle. Von Wigner |Wi 48| wurde eine Theorie entwickelt für Prozesse, bei denen zwei freie Teilchen entstehen, die auch hier angewandt werden kann. Wenn im Endzustand das Zentrifugalpotential vorherrscht und alle anderen Wechselwirkungen stärker als $\sim 1/r^2$ (r ist der Abstand der Teilchen) abnehmen, ergibt sich

$$\sigma(K) = \text{const.} K^{2L+1} \cdot (1 + \text{höhere Glieder}) \qquad (147)$$

$\sigma^{++} = \sigma_0 \cdot E_{exc}^{\alpha}$ $\alpha = 1,056$ Wannier Gesetz für $Z = 2$ nach dem Stoß

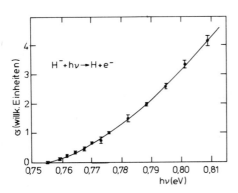

Fig. 4.17. Photoelektronenablösung bei H⁻ + hν → H + e im Bereich der Schwelle |Fe 75|.

K ist dabei praktisch der Impuls des freigesetzten Elektrons und L sein Drehimpuls bezüglich des Atoms. Wegen der Auswahlregeln für Dipolübergänge ändert sich L um eine Einheit.

Bei H⁻ muß ein s-Elektron in ein p-Kontinuum gebracht werden:

$$H^-(1s^2) + h\nu \rightarrow H(1s) + e_{K,p}; \quad \text{also } \sigma \sim E^{3/2} \quad . \tag{148}$$

Bei O⁻ muß ein p-Elektron in ein s-Kontinuum gebracht werden:

$$O^-(2p^5) + h\nu \rightarrow O(2p^4) + e_{K,s} \quad \text{also } \sigma \sim E^{1/2} \tag{149}$$

Es ist demnach das Schwellenverhalten zu erwarten, das in der Figur 4.18 schematisch dargestellt ist.

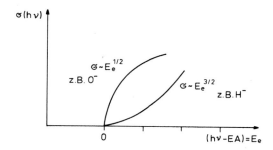

Fig. 4.18. Theoretisch erwarteter Verlauf des Wirkungsquerschnitts für Photoelektronenablösung oberhalb der Einsatzschwelle.

Der Anteil der Elektronen, die bei O⁻ mit L = 2, d.h. $e_{K,d}$ ermittelt werden, ist im Schwellenbereich wegen der Zentrifugalbarriere gegenüber denen mit L = 0 zu vernachlässigen. Da das beschriebene Verhalten wenigstens für die ersten 5-50 meV Gültigkeit hat, ist der wichtige Vergleich von Meßergebnis und Theorie möglich. Auch kann der gemessene Kurvenverlauf Hinweise dafür geben, in welchem Zustand das Atom zurückbleibt.

In den letzten Jahren wurden die meisten Untersuchungen unter Verwendung frequenzvariabler Laser durchgeführt, wodurch die

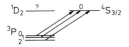
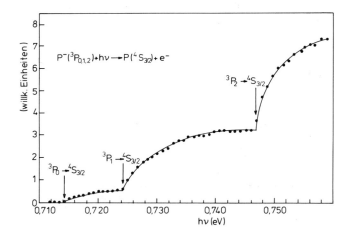

Fig. 4.19. Photoelektronen bei P^-, insbesondere im Bereich der Schwelle, nach |Fe 76|, |oHo 75|.

Energieauflösung entscheidend verbessert worden ist. Jetzt konnten auch Übergänge unter Einbezug von Feinstrukturzuständen beobachtet werden. Sehr bekannt geworden ist das Beispiel des Schwellenverhaltens von S^- oder Se^- (s. Hotop und Lineberger |oHo 75|. Es konnten z.B. die Übergänge aus den $^2P_{3/2;1/2}$-Zuständen des S^- nach den $^3P_{2,1,0}$-Zuständen des S-Atoms nachgewiesen werden. Hier soll in Figur 4.19 ein ähnliches Ergebnis an P^- gezeigt werden |Fe 76|. Dabei sind die Einsatzschwellen der Unterzustände $^3P_{2,1,0}$ des P^- deutlich zu erkennen.

4.3.3.3. Untersuchungen an Molekülionen

Zur Vervollständigung der Darstellung sei noch auf die Verhältnisse bei den Molekülionen hingewiesen. Sie sind schwieriger zu analysieren, da neben einer möglichen elektronischen Anregung auch Schwingungs- und Rotationsanregungen eine Rolle spielen können. Wegen des Franck-Condon-Prinzips kommt es sehr auf die relative Lage der Potentialkurven des Ions und des neutralen Moleküls an, wie dies oben schon am Beispiel des O_2 und der Halogenmoleküle erläutert wurde. Andererseits ermöglichen die neueren, sehr genauen Messungen mit hoher Wellenlängenauflösung, bzw. hoher Genauigkeit in der Bestimmung der Photoelektronenenergien mit guten Analysatoren sehr detaillierte Aussagen zu den Potentialkurven und zur Lage der Anregungszustände. Als Beispiel zeigt die Figur 4.20 Photoablösungsmessungen an O_2^--Ionen, die mit einem Argon-Ionen-Laser (λ = 4880 Å $\approx$ 2,53 eV) durchgeführt wurden. Die Energien der abgelösten Elektronen wurden genau bestimmt, die Abszisse der Figur gibt die Differenz zwischen der Photonenenergie und der Energie an, die nötig ist für einen Übergang aus einem Ausgangszustand $O_2^-(v'')$ in

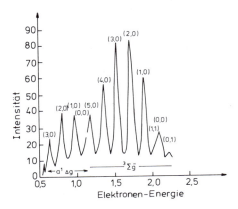

Fig. 4.20. Photoelektronenablösung bei O_2^- mit Hilfe eines Argon-Ionen-Lasers (λ = 4880 Å und Messung des Elektronenspektrums, nach |Cel 72|.

in einen Endzustand $O_2(v')$. Wie man sieht, finden Übergänge in
2 Potentiale des O_2, nämlich in den Grundzustand $X^3\Sigma_g^-$ und in den
höher gelegenen Zustand $a^1\Delta_g$ aus dem Grundzustand des O_2^- ($X^2\Pi_g^-$)
statt. Die $EA(O_2)$ wurde aus diesen Messungen zu $0,44 \pm 0,008$ eV
bestimmt.

4.3.4. Elektronenstoß-Detachment

Die Ablösung von Elektronen von negativen Ionen durch Elektronenstoß $A^- + e \rightarrow A + 2e$ ist dagegen weniger intensiv untersucht
worden. Die Bedeutung solcher Messungen liegt insbesondere im
Vergleich der gemessenen Wirkungsquerschnitte als Funktion der
Elektronenenergie mit theoretischen Aussagen. Die Messungen sind
auf Grund störender Nebeneffekte (Sekundärelektronen, erforderlich niedrige Gasdrücke und entsprechend niedrige Intensitäten)
schwierig. Andererseits sind sie auch in Anbetracht der Bedeutung der H^- und O^--Ionen und anderer in der hohen Atmosphäre von
großem Interesse. (Vergl. hierzu: Negative Ionen-Prozesse in
Bezug zur Aeronomy von Branscomb |Bra 69|).

Genauere Resultate liegen vor für einige leichte Ionen, vor
allem H^- und O^- (s. z.B. |x Massey 74|) für Energien bis einigen
100 eV. Die Wirkungsquerschnitte zeigen Maxima im Bereich 20-30
eV und betragen dort 50 (H^-) bis 10(O^-) $\cdot \pi a_o^2$. Sie nehmen zu
höheren Energien hin rasch ab.

4.3.5. Vorgänge an heißen Drähten (Metalloberflächen)

Treffen neutrale Teilchen im Vakuum auf eine heiße Metalloberfläche, so kann es zur Anlagerung von Elektronen an die Teilchen
kommen. Man mißt dazu das Verhältnis der aus Glühemission stammenden Elektronen i_{el} zu den negativen Ionen i_{ion} bei verschiedenen Temperaturen. Es ist

$$\frac{i_{el}}{i_{ion}} = \frac{const.}{i} T^2 \cdot \exp\left(-\frac{EA}{k \cdot T}\right) \quad , \tag{150}$$

wobei i die Zahl der neutralen Teilchen/cm² an der Oberfläche
ist (s. hierzu z.B. Pupke |oPu 70|).

Ein ähnliches Verfahren läßt sich speziell auf Alkalihalogenid-

Moleküle anwenden. Treffen solche Moleküle AB auf eine heiße
Oberfläche, können negative und positive Ionen entstehen, je
nach den vorliegenden Werten für EA der Atome A, des Ionisie-
rungspotentials I der Atome B und der Austrittsarbeit ϕ des
Metalls. Man mißt das Verhältnis der positiven und negativen
Ionen, es ist

$$\frac{i_+}{i_-} = \frac{1 + 4 \exp\left(\frac{\phi-EA}{kT}\right)}{1 - 2 \exp\left(\frac{I-\phi}{kT}\right)} \quad . \tag{151}$$

Damit konnten EA-Werte für die Halogene, allerdings nur mit
mäßiger Genauigkeit ermittelt werden.

4.4. Metastabiles He$^-$

Im Abschnitt über die Streuung von Elektronen an Atomen wurde
bereits vermerkt, daß Elektronen von angeregten Zuständen von
Atomen kurzzeitig eingefangen werden können, also kurzlebige
Elektron-Atom-Zustände bilden. Beispiele waren die Resonanz-
streuung an He unterhalb der Anregung bei 19,4 eV (1s2s^2 ^{2}S-
Resonanz) nach Schulz |oSch 73|, sowie auch bei höheren Niveaus
des He-Atoms und auch bei solchen des Ne. Auch Resonanzen
(single particle Resonanzen) an Molekülen, wie z.B. N_2 (bei
2,3 eV) können als kurzlebige negative Ionen angesehen werden
($\approx 10^{-13}$ s) (eine ausführliche Behandlung der Probleme der Mo-
leküle findet man bei |oBar 68|).

Eine besondere Rolle, z.B. für die Beschleunigertechnik in der
Kernphysik spielt ein Zustand des He$^-$ mit etwas größerer Lebensdauer. Es handelt sich um einen metastabilen 1s2s2p-Zustand,
d.h. der Anlagerung eines Elektrons an den 1s2s^{3}S-Grundzustand
des Ortho-He bei 19,8 eV. Durch Photodetachment-Messungen wurde
die EA dieses Zustandes zu etwa 80 meV bestimmt. Die Lebensdauer
ist für die Feinstruktur-Unterzustände verschieden. Für J = 5/2,
3/2, und 1/2 wurden die Werte τ = 500 $\pm$ 200, 10 $\pm$ 2 und 16 $\pm$ 4 µs
gefunden |x Has 74|.

4.5. Angeregte Zustände negativer Atomionen

Bei Photoelektronenablösungsmessungen sind in zahlreichen Fällen gebundene angeregte Zustände bei negativen Atomionen festgestellt worden. Dies ist einerseits auf die Verbesserung der Leistung der benutzten Ionenquellen, andererseits auf die bessere Empfindlichkeit des Nachweises der gebildeten Produkt-Teilchen zurückzuführen. Die Zustände entstehen nach den für die Elektronenhülle geltenden Regeln für Drehimpulskopplungen und zeigen je nach der meßtechnisch erreichten Energieauflösung auch die erwartete Feinstruktur. Zunächst sind solche Zustände bei Untersuchungen gefunden worden, bei denen das nach der Elektronenablösung verbleibende neutrale Teilchen registriert wurde. Aus diesen Versuchen ging hervor, daß es sich um Zustände handeln mußte, deren Lebensdauer immerhin so groß ist, daß sie z.B. die Laufstrecke durch ein Massenspektrometer bis zur Stoßkammer überdauerten. Zum Teil traten auch Zustände größerer Lebensdauer auf. Auch schien die Entstehung mancher angeregter Zustände offenbar noch von Vorgängen in der Ionenquelle abzuhängen. Spätere Untersuchungen, bei denen das Photoelektronenspektrum für eine feste Laserfrequenz mit Elektronenanalysatoren hoher Auflösung und noch guter Intensität gemessen wurde, lieferten umfangreiche Kenntnisse über die angeregten Zustände der negativen Ionen. Diese können hier nur in einigen Beispielen betrachtet werden.

Ein solches für eine ältere Messung zeigt mit der Figur 4.21 die Photodetachmentkurve für Si$^-$, der das nebenstehende Termschema zugrunde liegt.

Die Figuren zeigen 3 Zustände des neutralen Si. Zu erkennen ist die EA des Si-Grundzustand von 1,385 eV und eines angeregten ^{2}D-Zustandes mit 0,56 eV. Der ^{2}P-Zustand ist mit 0,029 eV gebunden und somit in der Meßkurve nicht mehr feststellbar. Auch weitere genauere Messungen lieferten deutlich den Übergang ^{2}D → ^{3}P mit der Schwelle bei 0,56 eV und den zweiten Anstieg, der vom ^{4}S → ^{3}P- und auch einem ^{2}D → ^{1}D-Übergang herrühren kann. Alle 3 Zustände des Si$^-$ erwiesen sich als gebunden.

Als Beispiel einer neueren Messung mit hoher Genauigkeit, die mit einem Argon-Ionen-Laser bei 4880 Å ~ 2,54 eV aufgenommen wurde, sei das bei Pd$^-$ gewonnene Elektronenspektrum betrachtet

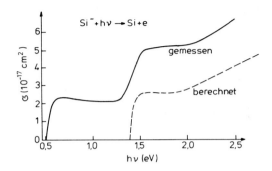

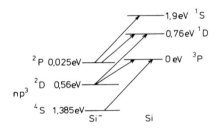

Fig. 4.21. Photoelektronenablösung bei Si⁻ mit angeregten Zuständen und das Termschema des Si⁻, nach |Fe 71|.

|Fei 81|. Der Grundzustand des Pd⁻ ist ein $^2S_{1/2}$-Zustand, daneben tritt ein angeregter $^2D_{5/2}$-Zustand mit 0,136 eV über dem Grundzustand auf. Alle im Termschema der Figur 4.22 gezeigten Übergänge sind im Photoelektronenspektrum der Figur 4.22 enthalten. Der Übergang $^2S_{1/2} \to {}^1S_0$ liefert die EA(Pd) von 0,558 ± 0,008 eV.

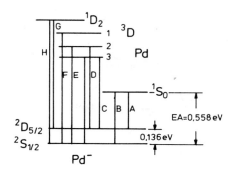

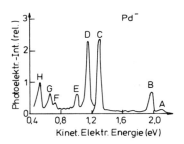

Fig. 4.22. Termschema angeregter Zustände des Pd^- und Photoelektronenspektrum des Pd^-, nach |Fei 81|.

4.6. Stöße von negativen Ionen

4.6.1. Stöße mit Atomen und Elektron-Ablösung

Bei Stößen negativer Ionen A^- mit Atomen B ist der Ablöseprozess der wichtigste unelastische Stoßprozess

$$A^- + B \rightarrow (AB)^{-*} \rightarrow A + B + e \quad . \tag{152}$$

A und B können auch in einem angeregten Zustand auftreten. Da diese Prozesse in verschiedenen Bereichen (Ionen-Molekül-Reaktionen, Vorgänge in der hohen Atmosphäre und in Gasentladungen) eine Rolle spielen, sind eingehende Studien z.B. für O^- mit O_2, Ar, Ne, CO, ferner für O_2^- in O_2 und Halogene in Edelgasen durchgeführt worden. Figur 4.23 zeigt ein typisches Meßresultat für

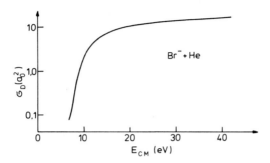

Fig. 4.23. Elektronenablösung bei Stößen von Br$^-$-Ionen auf He als Funktion der Energie, nach |Es 81|.

Br$^-$-Stöße auf He |Es 81|.

Hier, wie auch bei den Stößen von O$^-$ und O$_2^-$ in O$_2$ werden Wirkungsquerschnitte bis zu 10^{-16} cm^2 festgestellt. Totale Wirkungsquerschnitte für die Stöße negativer Halogenionen mit Edelgasen sind bei Smith |oCha 82| zusammengestellt. Figur 4.24 zeigt hierfür einige Beispiele.

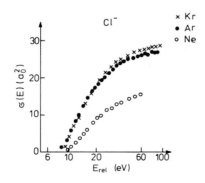

Fig. 4.24. Elektronenablösung bei Stößen von Cl$^-$-Ionen auf Edelgase, nach |oCha 82|.

Da man sich vorstellt, daß der Prozess über einen Zustand $(AB)^{-*}$ verläuft, liegt es nahe, die molekularen Potentiale des Systems zu diskutieren. Solche Betrachtungen sind z.B. für den recht häufig untersuchten Prozess $H^- + He \rightarrow H + He + e$ angestellt worden |oCha 82|. Die Meßresultate aus der Figur 4.25 nach |Smi 78| sind an Hand der aufgezeichneten Potentialkurven analysiert worden |Ol 80|. Bei großen Abständen liegt die $He-H^-$-Kurve um $EA(H) = 0,75$ eV unter der He-H-Kurve. Die Kurve für das System $He-H^-$ steigt bis zur Kurvenkreuzung bei R_x an, bei kleineren Abständen kann $He-H^-$ nicht mehr länger als stabiler Zustand angesehen werden. Es kann unterhalb des Kreuzungsabstandes R_x eine Elektronenablösung stattfinden. Die Schwellenenergie ist daher $U(R_x)$.

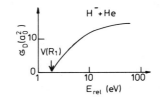

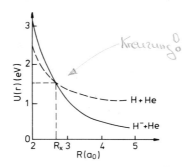

Fig. 4.25. Elektronenablösung bei Stößen von H^- auf He und Energieschwelle, sowie Potentialkurven und Kurvenkreuzung für das System $H^- + He$, bzw. $H + He$, nach |Smi 78|.

4.6.2. Stöße langsamer negativer Ionen mit Ladungsübertragung

Über den resozanzartigen Ladungsaustausch negativer Ionen mit den gleichartigen Atomen sind bisher im Vergleich zu den Prozessen mit positiven Ionen nur wenige Untersuchungen durchgeführt worden:

$$A^- + A \rightarrow A + A^- \qquad (153)$$

Die theoretische Erklärung dieser Vorgänge kann der Ladungsübertragung bei positiven Ionen folgen. Sie führt für den Energiebereich von einigen eV bis zu keV wieder zu der Formel

$$\sigma^{1/2} = A - B \cdot \ln v \qquad \text{(s.107)}$$

wie dies nach der Figur 4.26 für die Prozesse $H^- + H$, $C^- + C$ und $O^- + O$ experimentell auch bestätigt worden ist.

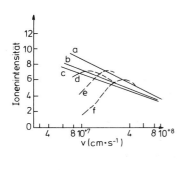

Fig. 4.26. Beispiele für den Verlauf des Wirkungsquerschnitts exothermer und endothermer Ladungsübertragungsprozesse als Funktion der Energie.

$\Delta E = EA(B) - EA(A)$

a $H^- + H$
b $C^- + C$
c $O^- + O$
d $C^- + O$
e $C^- + H$
f $O^- + H$

$\Delta E = 0,22$ eV
$ = 0,50$ eV
$ = 0,72$ eV

nach |Sn 69|.

Im Falle der nicht resonanten Prozesse

$$A^- + B \rightarrow A + B^- \qquad (154)$$

spielen die Beträge der Elektronenaffinitäten eine Rolle. In den Fällen $EA(A) < EA(B)$ sind die Vorgänge exotherm, der Wirkungsquerschnitt nimmt in vielen Fällen mit wachsender Energie ab. Bei kleinen Energien machen sich die Kräfte der starken Anziehung zwischen Ion und Atom auf Grund der induzierten Dipol-Wechselwirkung bemerkbar. Es können wieder die Überlegungen von Langevin und von Gioumousis und Stevenson herangezogen werden (s. z.B. |Wo 68|). Der Anstieg des Wirkungsquerschnitts zu kleinen Energien ist in der Figur 4.27 für die Reaktion O^- + NO_2 erkennbar. Hier ist EA(O) = 1,462 eV und EA(NO_2) = 2,36 eV einzusetzen. Ebenso wird die Anwendbarkeit der Firsov'schen Formel für die Energien bis in den keV-Bereich deutlich.

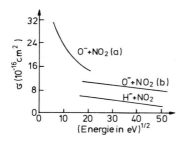

Fig. 4.27. Energieabhängigkeit des Wirkungsquerschnitts für die Ladungsaustausch-Reaktion O^- + NO_2 → O + NO_2^-,

a) nach |Sn 69|,
b) nach |Ru 67|.

Im Falle der endothermen Reaktionen mit EA(A) > EA(B) kann die Reaktion erst oberhalb einer Energieschwelle eintreten. In der Figur 4.26 sind hierzu einige Beispiele mit aufgenommen. Wenn man annehmen kann, daß die beteiligten Reaktionspartner in ihren Grundzuständen reagieren können, führen genaue Messungen im Schwellenbereich gegebenenfalls zu Werten für die Elektronenaffinität des neu entstehenden negativen Ions (|Kra 61|). Hierfür zeigt die Figur 4.28 ein Beispiel nach Untersuchungen von Chupka und Berkowitz |Chu 69|, bei denen auf diese Weise zahlreiche Werte für die EA von Halogenmolekülen ermittelt werden konnten:

$$X^- + Y_2 \rightarrow X + Y_2^- \quad \text{oder auch} \rightarrow (XY)^- + Y \quad . \quad (155)$$

Im allgemeinen können die Resultate auch hier wieder diskutiert werden an Hand des Modells der Kurvenkreuzung der Potentialkurven für einen quasi-molekularen Zustand. Allerdings stehen nicht immer die für eine genaue Analyse erforderliche Kenntnisse über die Potentialkurven zur Verfügung.

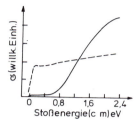

Fig. 4.28. Messungen an der Reaktion $Br^- + Br_2 \rightarrow Br + Br_2^-$ im Schwellenbereich, nach |Chu 71|.

Man muß im Falle der genannten Reaktionen auch in Erwägung ziehen, daß in speziellen Fällen (wenn z.B. X und Y identisch sind) die Reaktion durch einen Austausch eines Atoms stattfinden kann. Durch Studien mit angereicherten Isotopen ist dieser Mechanismus z.B. für die Fälle $O^- + O_2$ und $O^- + NO_2$ nachgewiesen worden |Vo 69|, auch weist das Auftreten einer Reaktion $J^- + Br_2 \rightarrow (JBr)^- + Br$ (s. |Chu 69|) auf einen solchen Prozess hin.

Fig. 4.29 zeigt ein interessantes Beispiel für nicht resonante Prozesse. Diese können in diesem Falle in der einen oder der entgegengesetzten Richtung ablaufen:

$$H^-(^1S) + O(^3P) \leftrightarrows H(^2S) + O^-(^2P) \quad . \tag{156}$$

Solche Prozesse können nach der Theorie des Übergangs zwischen zwei elektronischen Zuständen des quasi-Moleküls $(AB)^-$ mit den asymptotischen Zuständen $A^- + B$ und $A + B^-$ behandelt werden. Die Theorie liefert dabei auch eine Aussage über das Verhältnis der Wirkungsquerschnitte der Prozesse, wobei das Prinzip des "detailed balance" herangezogen wird, das aussagt, daß die Übergangswahrscheinlichkeit für eine Reaktion in den beiden oben angegebenen Richtungen gleich ist. Es ergibt sich aus der jeweiligen Zahl der möglichen Endzustände jedes Systems. Im Falle $H^- + O$ können sich insgesamt 9 Zustände, im Falle $O^- + H$ 12 Zustände einstellen (s. hierzu |Sn 69|), sodaß das Verhältnis der Wirkungsquerschnitte 9:12 beträgt, was in Einklang mit dem experimentellen Ergebnis steht.

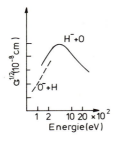

Fig. 4.29. Experimentelle Wirkungsquerschnitte für die Ladungsaustausch-Prozesse $O^- + H$ und $H^- + O$, nach |Sn 69|.

4.6.3. Ionen-Molekül-Reaktionen (IMR) mit negativen Ionen

Bei Stößen negativer Ionen auf Moleküle kann es auch zu Reaktionen der Art

$$A^- + BC \rightarrow B^- + AC \quad \text{oder}$$
$$\rightarrow B^- + A + C \tag{157}$$
$$\rightarrow (AC)^- + B$$

kommen, die hier aber nur kurz erwähnt werden sollen. Dabei können interessante neue Arten von negativen Ionen auftreten. Die Energiebilanz dieser IMR ist

$$EA(B) - D(BC) - EA(A) + D(AC) > 0 \quad . \tag{158}$$

Man sieht, daß auch schon ohne Berücksichtigung von kinetischen Energien und von Anregungsenergien wichtige Größen, wie z.B. die Elektronenaffinität oder die Dissoziationsenergie erfaßt werden. Das Studium der IMR kann somit zu den Kenntnissen dieser Größen beitragen. Daneben haben Studien zur Energieabhängigkeit des Wirkungsquerschnitts und der Messung der Energie- und Winkelverteilung der Reaktionsprodukte sehr zur Vermehrung der Kenntnisse über die Mechanismen der IMR beigetragen.

Über die außerordentlich zahlreichen und vielfältig diskutierten IMR mit positiven Ionen ist in Abschnitt 3 kurz berichtet worden. Es sei darauf hingewiesen, daß viele Erkenntnisse z.B. über die Stoßmechanismen bimolekularer Reaktionen mit negativen Ionen sich

zwanglos in das Bild von den IMR mit positiven Ionen einfügen
(vergl. z.B. |He 65|). Reaktionen, die schon mit thermischer
Energie der Stoßpartner auftreten, sind zuerst von Henglein und
Mitarbeiter |He 59| beobachtet worden, z.B.

$$O^- (SO_2) + J_2 \rightarrow OJ^- + J \text{ oder}$$
$$O^- (SO_2) + CH_3J \rightarrow OJ^- + CH_3 \quad .$$
(159)

In den letzten beiden Jahrzehnten sind neben zahlreichen weiteren
Reaktionen, die thermisch ablaufen, auch viele untersucht worden,
deren Einsatzschwelle aus der genauen Kenntnis der jeweiligen
kinetischen Energie ermittelt wird. Auch im Bereich organischer
Moleküle gibt es eine Vielzahl von Reaktionen, z.B.

$$C_2H_5OH + OH^- \rightarrow C_2H_5O^- + H_2O$$
(160)

(allgemein $R(OH) + OH^- \rightarrow R(O^-) + H_2O$).

Als Beispiel für die experimentell gefundene Energieabhängigkeit
einer offenbar exothermen IMR zeigt die Figur 4.30 die Reaktion

$$O^- + H_2 \rightarrow OH^- + H$$
(161)

mit einem starken Anstieg des Wirkungsquerschnitts zu den kleineren Energien hin.

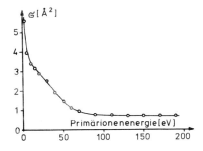

Fig. 4.30. Energieabhängigkeit der exothermen IMR $O^- + H_2 \rightarrow (OH)^- + H$ |Vo 69|.

Zur Aufklärung der oft komplexen Reaktionsmechanismen hat die
Verwendung von angereicherten stabilen Isotopen wesentlich bei-

getragen (s. z.B. |Vo 69|). Beispielsweise zeigte sich bei der
Reaktion $O^- + H_2O \rightarrow OH^- + OH$
aus den massenspektrometrischen Untersuchungen unter Verwendung
von ^{18}O, daß die Reaktion

$$^{18}O^- + H_2{}^{16}O \rightarrow {}^{18}OH^- + {}^{16}OH \tag{162}$$

bei höheren Stoßenergien (> 6 eV) viel häufiger auftritt als die
bei den niedrigeren Energien vorherrschende Reaktion

$$^{18}O^- + H_2{}^{16}O \rightarrow {}^{16}OH^- + {}^{18}OH \quad . \tag{163}$$

Bei den höheren Energien nimmt offenbar das stoßende negative
Ion vevorzugt direkt ein H-Atom aus dem Target-Molekül auf, während bei niedrigeren Energien bevorzugt zunächst ein Zwischen-
komplex-Molekül $(HO)_2^{-*}$ gebildet wird. In gleicher Weise verhält
sich die Reaktion

$$\begin{aligned}^{18}O^- + N_2{}^{16}O &\rightarrow {}^{18}ON^- + {}^{16}ON \text{ , bzw.} \\ &\rightarrow {}^{16}ON^- + {}^{18}ON \quad .\end{aligned} \tag{164}$$

Da die Reaktionen bei niedrigen Energien mit beträchtlichem Wirkungsquerschnitt auftreten, muß auf ihre Bedeutung für die Vorgänge in der hohen Atmosphäre hingewiesen werden, die schon bei
thermischer Energie durch Ionen wie O^-, NO_2^-, H^- und F^-, Cl^- eingeleitet werden können |Fe 74|.

Tabelle II

EA wichtiger atomarer Spezies (in eV) nach Lineberger und Hotop |oHo 75| sowie später verbesserten Werten und Resultaten von Feldmann |He 77|.

H	0,7542	Rb	0,486
He^m	0,080	Zr	0,427
Li	0,620	Nb	0,894
B	0,278	Mo	0,747
C	1,268	Tc	0,7
N	0	Ru	1,1
O	1,462	Rh	1,138
F	3,399	Pd	0,558
Ne	0	Ag	1,303
Na	0,546	In	0,3
Al	0,442-0,46	Sn	1,15-1,25
Si	1,385	Sb	1,05-1,07
P	0,743	Te	1,9708
S	2,0772	J	3,061
Cl	3,615	Cs	0,4715
K	0,5012	La	0,5
Ti	0,2	Ta	0,323
V	0,526	W	0,816
Cr	0,66	Re	0,15
Fe	0,164	Os	1,1
Co	0,662	Ir	1,556
Ni	1,15	Pt	2,128
Cu	1,226	Au	2,3086
Ga	0,3	Tl	0,3
Ge	1,2	Pb	0,365
As	0,80	Bi	1,05-1,1
Se	2,0206	Po	1,9
Br	3,364		

Literaturverzeichnis

Lehrbücher (x)

	x Bas	76		Bashkin, S.: Beam-Foil-Spectroscopy. Berlin 1976
	x Bat	62		Bates, D.R.: Atomic and Molecular Processes. New York 1962
	x Be	79		Bernstein, R.B.: Atom-Molecule Collisions Theory. New York 1979
	x Bo	73		Bodenstedt, E.: Experimente der Kernphysik, Teil 2. Mannheim 1973
	x Bu	52		Burhop, E.H.: The Auger Effect. Cambridge 1952
	x Chi	74		Child, M.S.: Molecular Collision Theory. New York 1974
	x Co	63		Condon, E.V.; Shortley, G.H.: Theory of Atomic Spectra. New York 1963
	x Cra	75		Crasemann, B.: Atomic Inner Shell Processes. New York 1975
	x Dö	62		Döring, W.: Einführung in die Quantenmechanik. Göttingen 1962
	x Gel	69		Geltman, Sydney: Topics in Atomic Collisions. New York 1969
	x Has	64		Hasted, J.B.: Physics of Atomic Collisions. London 1964
	x Ke	38		Kennard, E.H.: Kinetic Theory of Gases. New York 1938
	x Kes	76		Kessler, J.: Polarized Electrons. Berlin 1976
	x Ku	64		Kuhn, H.: Atomic Spectra, 3rd Ed. London 1964
	x Kun	79		Kunz, C.: Synchrotron Radiation Techniques and Application. Berlin 1979
	x Lan	70		Landau, L.D.; Lifschitz, E.M.: Quantentheorie. München 1970
	x Map	72		Mapleton, R.A.: Theory of Charge Exchange. New York-London 1972
	x Mas	69		Massey, H.S.W.; Burhop, E.H.S.: Electronic and Ionic Impact Phenomena, Vol I. Oxford 1969
	x Mas	74		Massey, H.S.W.; Burhop, E.H.S.; Gilbody, H.B.: Electronic and Ionic Impact Phenomena Vol IV. Oxford 1974
	x Mass	74		Massey, H.S.W.: Negative Ions, 3rd Ed. London 1974

| x May   77 | Mayer-Kuckuk, T.: Atomphysik. Stuttgart 1977
| x McDo 70 | Mc Dowell, M.R.C.; Coleman, J.P.: Introduction to the Theory of Ion-Atom Collisions. Amsterdam 1970.
| x Mo   65 | Mott, N.F.; Massey, H.S.W.: The Theory of Atomic Collisions, 3rd Ed. Oxford 1965
※ | x Ni 74 | Nikitin, E.: Theory of Elementary Atomic and Molecular Processes in Gases. Oxford 1974
| x Ra   56 | Ramsey, N.F.: Molecular Beams. Oxford 1956
| x Schl 70 | Schlier, Chr.: Molecular Beam and Reaction Kinetics. New York 1970
| x Sie   69 | Siegbahn, K.: Esca Appl. to Free Molecules. Amsterdam 1969
| x Wie   76 | Wiesemann, K.: Einführung in die Gaselektronik. Stuttgart 1976

Berichte (o)

| oBar 68 | Bardsley, J.N.; Mandl, F.; Rep. Progr. Phys. 31 (1968) 471
| oBat 62 | Bates, D.R. in |x Bat 62|
| oBat 78 | Bates, D.R.: Phys. Rep. 35 (1978) 7
| oBat 79 | Bates, D.R.: Adv. At. Mol. Phys. 15 (1979) 235
| oBe   33 | Bethe, H.: Hdb. Physik 24 (1933)
| oBe   64 | Bernstein, R.B.: Science 144 (1964) 141
| oBe   71 | Bederson B.; Kieffer, L.J.: Rev. Mod. Phys. 43 (1971) 601
| oBe   77 | Berry, H.G.: Rep. Progr. Phys. 40 (1977) 155
| oBi   63 | Biondi, M.A.: Adv. Electronics and Electron Physics 18 (1963)
| oBr   62 | Branscomb, L.M. in |x Bat 62|
● | oBr 76 | Briggs, J.S.: Rep. Progr. Phys. 39 (1976) 217
● | oBr 78 | Briggs, J.S.; Taulbjerg, K.: Topics in Current Phys. 5 (1978)
| oBu   75 | Buck, U.: Adv. Chem. Phys. 30 (1975) 313
| oBu   79 | Burhop, E.H.S.: Adv. At. Mol. Phys. 15 (1979) 329

|oCha 82| Champion, R.L.: Adv. Electronics and Electron Physics 58 (1982)
|oDe 81| Delos, J.B.: Rev. Mod. Phys. 53 (1981) 287
|oDi 62| Ditchburn, R.W.; Öpik, U.: in |x Bat 62|
|oEh 72| Ehrhardt, H.; Hesselbach, K.H.; Jung, K.; Willemann, K.: Case Stud. At. Collision Physics II (1972) 161
|oFa 57| Fano, U.: Rev. Mod. Phys. 28 (1957) 277
|oFa 74| Farago, P.S.: Endeavour XXXIII (1974) 143
|oFi 62| Fite, W.L. in |x Bat 62|
|oFi 66| Fink, R.W.; Jopson, R.C.; Mark, H.; Swift, C.D.: Rev. Mod. Phys. 34 (1966) 513
|oFla 72| Flanery, M.R.: Case Stud. At. Collisions II (1972) 3
|oGa 73| Garcia, J.C.; Kavanagh, T.M.: Rev. Mod. Phys. 45 (1973) 111
|oHa 46| Hartree, D.R.: Rep. Progr. Phys. 11 (1946) 113
•|oHa 77| Haberland, H.: Physik in uns. Zeit 8 (1977) 82
|oHas 79| Hasted, J.B.: Adv. At. Mol. Phys. 15 (1979) 205
•|oHo 75| Hotop, H.; Lineberger, W.C.: J. Phys. Chem. Ref. Data 4 (1975) 539
|oHu 71| Hudson, D.D.; Kieffer, L.J.: Atomic Data 2 (1971) 205
|oJa 81| Janev, R.K.; Presynakov, L.P.: Phys. Rep. 70 (1981) 2
|oKe 69| Kessel, Q.C.: Case Stud. Atomic Collision Physics I (1969)
|oKes 69| Keßler, J.: Rev. Mod. Phys. 41 (1969) 1
|oKes 75| Keßler, J.: Physik in uns. Zeit 6 (1975) 40
|oKi 66| Kieffer, L.J.; Dunn, G.H.: Rev. Mod. Phys. 38 (1966) 1
|oKi 70| Kieffer, L.J.: Atomic Data 1 (1970) 19
|oKi 71| Kieffer, L.J.: Atomic Data 2 (1971) 293
|oKle 81| Kleinpoppen, H.: Physikal. Bl. 37 (1981) 131 und 289
|oKu 59| Kusch, P.; Hughes, V.W.: Handb. Physik 37 (1959) 1
|oMa 62| Mason, E.A.; Vanderslice, J.T.: in |x Bat 62|
|oMa 71| Mason, E.A.; Munn, R.J.; Smith, F.J.: Endeavour XXX (1971) 91
|oMas 49| Massey, H.S.W.: Rep. Progr. Phys. 12 (1949) 248
|oMas 71| Massey, H.S.W.: Contemp. Phys. 12 (1971) 537
|oMas 72| Massey, H.S.W.: Contemp. Phys. 13 (1972) 375
|oMcC 76| McCarthy, I.E.; Weigold, E.: Phys. Rep. 27 (1976) 276
|oMay 69| Mayne, K.I.: Contemp. Phys. 10 (1969) 564

|oMcDo 69| McDowell, M.R.: Case Stud. At. Collision Physics I (1969) 49
|oMe 58| Merzbacher, E.; Lewis, H.W.: Hdb. Physik 34 (1958) 166
|oMoi 62| Moiseiwitsch, B.L.; Bates, D.R. in |xBat 62|
|oMois 65| Moiseiwitsch, B.L.: Adv. At. Mol. Physics 1 (1965) 61
|oMoi 68| Moiseiwitsch, B.L.; Smith, S.J.: Rev. Mod. Phys. 40 (1968) 238
|oMo 78| Mokler, P.H.; Folkman, F.: Topics in Current Physics 5 (1978) 201
|oMo 81| Morgenstern, Reinhard: Atomic Physics 7 (1981)
|oPa 65| Pauly, H.; Toennies, J.P.: Adv. At. Mol. Physics I (1965) 201
|oPa 79| Pauly, H.: in |xBe 79| 111
|oPu 70| Pupke, H.: Elem. Proz. in Gasen und Grenzsch.: BSB B.G. Teubner Verlagsges. 1970
|oRu 69| Rudge, M.R.: Rev. Mod. Phys. 40 (1969) 564
|oSa 62| Sayers, J.: in |xBat 62|
|oSch 73| Schulz, G.J.: Rev. Mod. Phys. 45 (1973) 378 und 423
|oSea 62| Seaton, M.J.: in |xBat 62|
|oSmi 66| Smith, K.: Rep. Progr. Phys. 29 (1966) 373
|oTa 73| Tawara, H.; Russek, A.: Rev. Mod. Phys. 45 (1973) 178
|oToe 74| Toennies, J.P.: Physic Chem. Vol. VI A (1974) 227
|oTo 57| Tolhoek, H.A.: Rev. Mod. Phys. 29 (1956) 277
|oWei 56| Weissler, G.L.: Hdb. Physik XXI (1956),227

Originalliteratur

|Ab   65| Aberth, W.; Lorentz, D.C.: Phys. Rev. Lett 14 (1965) 776
|Ab   81| Abonal, R.; Teillet-Billy, D.; Gouisand, S.: J. Phys. B 14 (1981) 3517
|Am   43| Amdur, I.: J. Chem. Phys. 11 (1943) 157
|Am   61| Amdur, I.; Jordan, J.E.; Colgate, S.O.: J. Chem. Phys. 34 (1961) 1525
|Ba   66| Barwig, P.; Buck, U.; Hundhausen, E.; Pauly, H.: Z. Phys. 196 (1966) 343
|Ba   71| Baumann, H.; Heinicke, H.; Kaiser, J.; Bethge, K.: Nucl. Instr. Meth. 95 (1971) 389
|Bay   69| Bayfield, J.E.; Khayrallah, G.A.: Phys. Rev. 182 (1969) 115
|Be   62| Bernstein, R.B.: J. Chem. Phys. 37 (1962) 2019
|Be   62| Beck, D.: J. Chem. Phys. 37 (1962) 2884
|Bec   66| Beck, D.; Loesch, H.J.: Z. Phys. 195 (1966) 444
|Beu   33| Beutler, H.: Z. Phys. 86 (1933) 495
|Bi   57| Bincer, A.M.: Phys. Rev. 107 (1957) 1434
|Bla   80| Blaaw, H.J.; Wagenaar, R.W.; Barends, D.H.; DeHeer, F.J.: J. Phys. B 13 (1980) 359
|Bo   57| Boyd, T.J.; Moiseiwitsch, B.L.: Proc. Phys. Soc. Lond. A 70 (1957) 809
|Bö   79| Böttger, D.; Ghoneim, D.; Wegmann, H.D.; Wittchow, F.; Ebinghaus, H.; Neuert, H.: XIth Symp. Rar. Gas. Dyn. Vol. II CEA Paris 1979
|Bos   68| Bos, J. van den; Winter, G.J.; DeHeer, F.J.: Physica 40 (1968) 357
|Bra   68| Branscomb, L.M.: Ann. Géophysique 20 (1968) 88
|By   70| Byrne, J.; Horwarth, N.: J. Phys. B 3 (1970) 280
|Cel   72| Celotta, R.J.; Bennett, R.A.; Hall, J.L.; Siegel, M.W.; Levine, J.: Phys. Rev. A 6 (1972) 631
|Cha   68| Chantry, P.J.: Phys. Rev. 172 (1968) 125
|Che   67| Chen, J.C. Phys. Rev. 156 (1967) 12
|Chu   68| Chupp, E.W.; Dobelin, L.W.; Pegg, D.P.: Phys. Rev. 175 (1968) 44
|Chu   71| Chupka, W.A.; Berkowitz, J.: J. Chem. Phys. 55 (1971) 2724

| Co | 77 | Collin, J.E.: Endeavour 1 (1977) 122
| Chr | 68 | Christophorou, L.G.; Compton, R.H.; Dickson, H.W.: J. Chem. Phys. 48 (1968) 1949
| De | 58 | Dehmelt, H.G.: Phys. Rev. 109 (1958) 381
| De | 62 | Demtröder, W.: Z. Phys. 166 (1962) 42
| De | 71 | Der, R.C.; Fortner, R.J.; Kavanagh, T.M.; Khan, J.M.: Phys. Rev. A 4 (1971) 556
| Dra | 61 | Drawin, H.W.: Z. Phys. 164 (1961) 513
| Eh | 82 | Ehrhardt, H.; Fischer, M.; Jung, K.: Z. Phys. A - Atoms and Nuclei 304 (1982) 119
| Es | 81 | Esaulov, V.A.: J. Phys. B 14 (1981) 1303
| Fa | 27 | Faxen, H.; Holtsmark, J.: Z. Phys. 45 (1927) 307
| Fa | 65 | Fano, U., Lichten, W.: Phys. Rev. Lett 14 (1965) 627
| Fa | 69 | Fano, U.: Phys. Rev. 178 (1969) 131
| Fe | 74 | Fehsenfeld, F.C.; Ferguson, E.E.: J. Chem. Phys. 61 (1974) 3181
| Fei | 81 | Feigerle, C.S.; Codermann, R.R.; Bobashev, S.V.; Lineberger, W.C.: J. Chem. Phys. 74 (1981) 1580
| Fe | 71 | Feldmann, D.: Z. Naturf. 26 a (1971) 1100
| Fe | 75 | Feldmann, D.: Phys. Lett 53 A (1975) 82
| Fe | 76 | Feldmann, D.: Phys. A 277 (1976) 19
| Fe | 77 | Feldmann, D.: Habilitationsschrift Univ. Hamburg 1977
| Fi | 51 | Firsov, O.B.: Zh. Eksp. Theor. Fis. 21 (1951) 1001
| Fi | 58 | Fite, W.L.; Brackmann, R.T.: Phys. Rev. 112 (1958) 1151
| Fi | 60 | Fite, W.L.; Stebbings, R.F.; Hummer, D.G.; Brackmann, R.T.: Phys. Rev. 119 (1960) 663
| Fo | 60 | Fox, R.E.: J. Chem. Phys. 30 (1960) 285
| Fo | 61 | Foner, S.N.; Hall, B.H.: Phys. Rev. 122 (1961) 512
| Fra | 57 | Frauenfelder, H.: Phys. Rev. 107 (1957) 643
| Ga | 70 | Garcia, J.D.: Phys. Rev. A 1 (1970) 280 u. 1402
| Ge | 56 | Geltman, S.: Phys. Rev. 102 (1956) 171
● | Ge | 72 | Gerber, G.; Niehaus, A.; Steffen, B.: J. Phys. B 5 (1972) 1396
● | Ge | 73 | Gerber, G.; Niehaus, A.; Steffen, B.: J. Phys. B 6 (1973) 1836
| Gi | 58 | Gioumousis, G.; Stevenson, D.P.: J. Chem. Phys. 29 (1958) 294
● | Gl | 67 | Glupe, G.; Melhorn, W.: Phys. Lett. 25 A (1967) 274

| Go | 66 | Goodman, A.S.; Donahue, D.J.: Phys. Rev. 141 (1966) 1
| Gr | 81 | Graudejus, W.: Diss. Univ. Hamburg 1981
| Gr | 71 | Green, A.E.S.; McNeal, R.J.: J. Geophys. Res. 76 (1971) 133
| Ha | 73 | Hagel, U.: Dipl. Arbeit Univ. Hamburg 1973
| Han | 66 | Hansen, H.; Flammersfeld, A.: Nucl. Phys. 79 (1966) 135
| He | 59 | Henglein, A.; Muccini, G.: J. Chem. Phys. 31 (1959) 1426
| He | 65 | Henglein, A.; Lacmann, K.; Jakobs, G.: Ber. Bunsen Ges. Phys. Chemie 69 (1965) 279, 286 und 292
∗ | He | 70 | Heinzmann, U.; Keßler, J.; Lorenz, J.: Phys. Rev. Lett 25 (1970) 1325
| Hel | 64 | Helbing, R.; Pauly, H.: Z. Phys. 179 (1964) 16
| He | 78 | Hegerberg, R.; Stefansson, T.; Elford, M.T.: J. Phys. B 11 (1978) 133
| Hol | 66 | Holzwarth, G.; Meister, G.G.: Tables of Asymmetry, Univ. München 1964
| Ho | 78 | Hong, S.P.; Beaty, E.C.: Phys. Rev. A 17 (1978) 1829
| Hu | 27 | Hund, F.: Z. Phys. 40 (1927) 742
| Hun | 64 | Hundhausen, E.; Pauly, H.: Z. Naturf. 19a (1964) 810
| Is | 74 | Isler, R.C.: Phys. Rev. A 10 (1974) 2093
∗ | Ja | 67 | Jaecks, D.; DeHeer, F.J.; Salop, A.: Physica 36 (1967) 606
| Jo | 67 | Jordan, J.E.; Amdur, I.: J. Chem. Phys. 46 (1967) 165
| Kai | 68 | Kaiser, H.J.; Heinicke, E.; Baumann, H.: Nucl. Instr. Meth. 58 (1968) 125
| Kai | 74 | Kaiser, H.J.; Heinicke, E.; Rackwitz, R.; Feldmann, D.: Z. Phys. 270 (1974) 259
∗ | Kes | 68 | Keßler, J.; Hilgner, W.: Z. Phys. 221 (1968) 305 und 324
∗ | Kes | 70 | Keßler, J.; Heinzmann, U.; Lorenz, J.: Z. Phys. 240 (1970) 42
| Kha | 65 | Khan, J.M.; Potter, D.G.; Worley, D.R.: Phys. Rev. 139 A (1965) 1735
| Kle | 65 | Kleinpoppen, H.; Raible, W.: Phys. Lett 18 (1965) 24
| Klo | 66 | Klose, J.: Phys. Rev. 141 (1966) 181
| Kö | 68 | Köllmann, K.; Neuert, H.: Naturw. 55 (1968) 488
| Kr | 61 | Kraus, K.: Z. Naturf. 16a (1961) 1378
| Kra | 61 | Kraus, K.; Müller-Duysing, W.; Neuert, H.: Z. Naturf.

| La | 03 | Langevin, P.: Ann. Chim. (Phys.) 28 (1903) 433
| Le | 03 | Lennard, P.: Ann. Physik 12 (1903) 714
| Li | 67 | Lichten, W.: Phys. Rev. 164 (1967) 131
| Lo | 62 | Lockwood, G.J.; Everhart, E.: Phys. Rev. 125 (1962) 567
| Ma | 63 | Madden, R.P.; Codling, K.: Phys. Rev. Lett 10 (1963) 516
| Mas | 33 | Massey, H.S.W.; Mohr, C.B.O.: Proc. Roy. Soc. A 141 (1933) 434 und 144 (1934) 188
| Mas | 68 | Massey, H.S.W.: Endeavour XXVII (1968) 114
| Mi | 71 | Mittmann, H.V.; Weise, H.P.; Ding, A.; Henglein, A.: Z. Naturf. 26 (1971) 1112 und 1122
| Mo | 66 | Moran, F.T.; Friedman, L.: J. Chem. Phys. 45 (1966) 3837
| Mo | 79 | Mohamed, K.A.; King, G.C.: J. Phys. B 12 (1979) 2809
| Mou | 69 | Moustafa Moussa, H.R.; DeHeer, F.J.; Schulten, J.: Physica 40 (1969) 517
| Mö | 32 | Møller, C.: Ann. Physik 14 (1932) 571
| Mu | 28 | Mullikan, R.S.: Phys. Rev. 32 (1928) 186
| Ok | 70 | Okudaria, S.; Kaneko, Y.; Kanomata, I.: J. Phys. Soc. Jap. 28 (1970) 1536
| Ol | 80 | Olson, R.E.; Lin, B.: Phys. Rev. A 22 (1980) 1389
| O'Ma | 66 | O'Malley, T.F.: Phys. Rev. 150 (1966) 14
| Or | 80 | Ortiz, M.; Campos, J.: J. Chem. Phys. 72 (1980) 5635
| Os | 56 | Osberghaus, O.; Ziock, K.: Z. Naturf. 11a (1956) 762
| Pau | 60 | Pauly, H.: Z. Naturf. 15a (1960) 277
| Pe | 71 | Perel, J.; Darley, H.L.: Phys. Rev. A 4 (1971) 162
| Po | 68 | Popp, H.P.; Mück, G.: Z. Naturf. 23a (1968) 1213 und 20a (1965) 642
| Po | 70 | Popp, M.; Schäfer, G.; Bodenstedt, E.: Z. Phys. 240 (1970) 71
| Rai | 74 | Raible, V.; Koschmieder, H.; Kleinpoppen, H.: J. Phys. B 7 (1974) L 14
| Ra | 21 | Ramsauer, C.: Ann. Physik 66 (1921) 544
| Ra | 32 | Ramsauer, C.; Kollath, R.: Ann. Physik 12 (1932) 529
| Ra | 60 | Rapp, D.; Ostenberger, J.B.: J. Chem. Phys. 33 (1960) 1230
| Ra | 62 | Rapp, D.; Francis, W.E.: J. Chem. Phys. 37 (1962) 2631

16a (1961) 1385

Ra	64	Rapp, D.; Sharp, T.E.; Briglia, D.D.: Phys. Rev. Lett 14 (1964) 533
Ra	65	Rapp, D.; Briglia, D.D.: J. Chem. Phys. 43 (1965) 1480
Ro	62	Rothe, E.W.; Rol, P.K.; Trujillo, S.H.; Neynaber, R.: Phys. Rev. 128 (1962) 659
Ro	76	Rosenstock, H.M.: J. Mass Spectr. Ion Phys. 20 (1976) 139
Ru	67	Rutherford, J.A.; Turner, B.R.: J. Geophys. Res. 72 (1967) 3795
Sa	70	Saris, F.W.; Onderdelinden, D.: Physica 49 (1970) 441
Sa	71	Saris, F.W.: Physica 52 (1971) 290
Sa	72	Saris, F.W.; Mitchell, I.V.; Santry, D.C.; Davies, J.M.: Int. Conf. Inner Shell Ioniz. Phen. (1972) 1255
Scha	68	Schacket, Kl.: Z. Phys. 213 (1968) 316
Scha	69	Scharmann, A.; Schartner, K.H.: Z. Phys. 228 (1969) 254
Schu	59	Schulz, G.J.: Phys. Rev. 116 (1959) 1141
Schu	64	Schulz, G.J.: Phys. Rev. Lett 13 (1964) 583
Schu	65	Schulz, G.J.; Asundi, R.K.: Phys. Rev. Lett 15 (1965) 946
Schu	67	Schulz, G.J.; Chantry, P.J.: Phys. Rev. 156 (1967) 134
She	56	Sherman, N.: Phys. Rev. 103 (1956) 1601
Smi	78	Smith, B.T.; Edwards, W.R.; Doverspike, L.D.; Champion, R.L.: Phys. Rev. A 18 (1978) 945
Sn	69	Snow, W.R.; Rundel, R.D.; Geballe, R.: Phys. Rev. 178 (1969) 228
So	82	Sonntag, B.T.: Rec. Adv. Analyt. Spectr. Oxford 1982
Spe	72	Spence, D.; Schulz, G.J.: Phys. Rev. A 5 (1972) 724
Spe	82	Spence, D.; Chupka, W.A.; Stevens, C.M.: Phys. Rev. A 26 (1982) 654
Swa	76	Swati Sinha; Bardsley, J.N.: Phys. Rev. A 14 (1976) 104
Ta	73	Tawara, H.; Harrison, H.G.; DeHeer, F.J.: Physica 63 (1973) 351
Tay	65	Taylor, H.S.; Williams, J.K.: J. Chem. Phys. 42 (1965) 4063
Tho	24	Thomson, J.: Phil. Mag. 47 (1924) 337
Tho	96	Thomson, J.; Rutherford, E.: Phil. Mag. 42 (1896) u. 44 (1897) 422
Tho	67	Thomas, E.W.; Beut, C.D.: Phys. Rev. 164 (1967) 143
Vo	69	Vogt, D.: Intern. J. Mass Spectr. Ion Phys. 3 (1969) 81

W	70	Walton, D.S.; Peart, B.; Dolder, K.: J. Phys. B 3 (1970) L 148
Wa	53	Wannier, G.H.: Phys. Rev. 90 (1953) 817
Wa	80	Wagenaar, R.W.; DeHeer, F.J.: J. Phys. B 13 (1980) 3855
We	32	Weizel, W.; Beck, O.: Z. Phys. 76 (1932) 250
Wi	19	Wien, W.: Ann. Physik 60 (1919) 39
Wi	48	Wigner, E.D.: Phys. Rev. 73 (1948) 1002
Win	79	Van Wingenden, B.; Kimman, J.T.; van Tilbarg, M.; Weigold, E.; Joachain, C.; Tiraux, B.; DeHeer, F.J.: J. Phys. B 12 (1979) L 627
Wo	68	Wolf, F.A.; Turner, B.R.: J. Chem. Phys. 48 (1968) 4226
Ya	80	Yau, A.W.; McEachran, R.P.; Stauffer, A.D.: J. Phys. B 13 (1980) 377

Sachverzeichnis

Alkaliionen
   Ionenquelle für - 136,176
   Ladungsaustausch für - 136
   negative - 176,195
Anregung von Atomen durch
  Elektronenstoß 36
  Ionenstoß 114,116
Anregung innerer Schalen
  durch Protonen 122
  durch schwerere Ionen 125
Appearance-Potential 159
Atom-Atom-Potential-Tiefe 95,107
Atom-Ion-Potential-Tiefe 107
Auger-Elektronen-Emission 63

Beam-foil-Methode 47
Binärer peak bei Elektronenstreuung 62
Bohrscher Radius 33,114
Bremsvermögen für Elektronen 68

Detailed balance 191
Diffusionsquerschnitt
  für langsame Elektronen 28
Driftgeschwindigkeit 29

Effektive Kernladung 23
Einsatzschwelle 55
Elektronenaffinität 153
  - von Molekülen
    adiabatische - 166
    vertikale - 166
Elektronenpolarisation 78
  transversale - 78
  longitudinale - 78
  - beim Betazerfall 78
Elektronen-Promotion 121,129

Energieabhängigkeit für
  Anregung durch Elektronen 37,38
  Anregung durch Protonen 40
  Anregung innerer Schalen
    durch Protonen 113
  Ionisation durch Elektronen 51
  Ionenmolekül-Reaktionen 143
Energieverlust pro Ionenpaar 68
Energieverlustspektrum
  für Elektronenstoß 59

Fano-Effekt 86
Fano-Lichten-Modell 120
Feinstruktur bei negativen Ionen 180,183
Feshbach-Resonanzen 39
Flußdichte 10
Franck-Condon-Prinzip 157

Gekreuzte Strahlen 91,101
g-Faktor 45
  - des freien Elektrons 88
Glorien-Streuung 106

H-Atomstrahlen 39,93
Hanle-Effekt 44

Ionen-Molekül-Reaktionen mit
  positiven Ionen 141
  negativen Ionen 155
  organischen Molekülen 193
Ionenpaarbildung bei Stößen
  zwischen neutralen Atomen 140
  von Elektronen 165,172
Ionisation
  durch Elektronenstoß 51
  durch Ionenstoß 114

innerer Schalen 129

Korrelationsdiagramm Ar+Ar 122
Kreuzungspunkt 117,118,188
Kreuzung von Potentialkurven 117,150

Ladungsaustausch
  Stöße mit - 131,189
Landau-Zener-Formel 119,161
Langevin-Theorie 142,190
Lebensdauer angeregter Zustände 42
- autoionisierender Zustände 71

Massey'sches Kriterium 115
Mehrfachionisation bei
  Elektronenstoß 52
  Ionenstoß 130
Metastabiles He^- 183

Negative Atomionen 153
  zweifach geladene - 153
Negative Molekülionen 157,181

Oszillationen
  der Streuintensitäten 97,109
  bei Ionenstoßanregung 116
  bei Ladungsaustauschprozessen 137

Partialwellenmethode 23
Photoelektronen 72
  polarisierte - 88
Photoionisation in Gasen
  Energieabhängigkeit für - 75
Polarisationsgrad 78
  - für Betazerfälle 78

- bei Mott-Streuung 83
Potentialbarriere 33

Quasi-molekulare Zustände 127

Ramsauer-Effekt 18
Ratenkonstante 28
Regenbogenstreuung
  für neutrale Teilchen 104
  für Ionen 107
Rekombinationskoeffizient 146
Röntgenfluoreszenzausbeute 63,66
Röntgen-K-Strahlung
  durch Elektronenstoß 65
  durch Ionenstoß 125
Röntgen-L-Strahlung
  duch Elektronenstoß 67
  durch Ionenstoß 128
Rutherfordsche Streuformel 22

Schwellenenergie für Elektronen-
  stoß 37,55,77
Shape-Resonanzen 33
Sherman-Funktion 80,83
Spinaustauschprozesse 88
Spin-Bahn-Wechselwirkung 79,86
Stoßparameter 10
Streuamplitude 23,80
Streuintensität
  pro Einheitswinkel 12
  pro Einheitsraumwinkel 12
Streupotential
  für Stöße harter Kugeln 94
  für Elektron-Atom-Streuung 22
  für neutral-neutral-Stöße 95,99
  effektives - 143
Streuresonanzen
  für Elektronenstreuung 31
Synchrotronstrahlung 74

Wirkungsquerschnitt
　Stoß - 9
　totaler Streu - 11,12
　　für Elektronenstreuung 20
　　für Ionisation durch Elektronen 51,56
　　für Streuung neutraler Teilchen 97,102
　　für Ladungsaustausch 133
Wirkungsquerschnitt, differentieller
　für Elektronenstreuung 21
　dreifach - 57
　zweifach - 58
　einfach - 59
　für Ion-Atomstöße 108
　für neutral-neutral-Stöße 104

Xenonhochdrucklampe
　Spektrum einer - 74

Zentralpotential 82